HARMONIES OF THE WORLD

世界的和谐

开普勒
J. Kepler

[德] 约翰内斯·开普勒 著

张卜天 译

上海科学技术文献出版社

S 上海科学技术文献出版社
Shanghai Scientific and Technological Literature Press

Johannes Kepler

Harmonies of the World

Chicago: Encyclopædia Britannica, 1952

根据不列颠百科全书出版公司 1952 年版译出

————————————

果麦文化 出品

目录

序言　　　　　　　　　　　　　　　　　　　　　　　3

1 第 一 章
论五种正立体形　　　　　　　　　　　　　　001

2 第 二 章
论和谐比例与五种正立体形之间的关系　　　007

3 第 三 章
研究天体和谐所必需的天文学原理之概要　　015

4 第 四 章
造物主在哪些与行星运动有关的事物中表现　　035
了和谐比例，方式为何？

5 第 五 章
系统的音高或音阶的音、歌曲的种类、大调　　059
和小调均已在（相对于太阳上的观测者的）
行星的视运动的比例中表现了出来

第 六 章

音乐的调式或调以某种方式表现于行星的
极运动　　　　　　　　　　　　　　　　071

第 七 章

所有六颗行星的普遍和谐比例可以像普通
的四声部对位那样存在　　　　　　　　077

第 八 章

在天体的和谐中，哪颗行星唱女高音，哪颗
唱女低音，哪颗唱男高音，哪颗唱男低音？　091

第 九 章

单颗行星的偏心率起源于其运动之间的和谐
比例的安排　　　　　　　　　　　　　095

第 十 章

结语：关于太阳的猜想　　　　　　　　161

译后记　　　　　　　　　　　　　　　173

世界的和谐

第五卷

论天体运动完美的和谐，以及由此得到的偏心率、半径和周期的起源。

依据目前最为完善的天文学学说所建立的模型，以及业已取代托勒密的公认为正确的哥白尼和第谷·布拉赫的假说。

我正在进行一次神圣的讨论，这是一首献给神这位造物主的真正颂歌。我以为，虔诚不在于用大批公牛作牺牲给他献祭，也不在于用数不清的香料和肉桂给他焚香，而在于首先自己领会他的智慧是如何之高，能力是如何之大，善是如何之宽广，然后再把这些传授给别人。因为希望尽其所能为应当增色的东西增光添彩，而不去

忌妒它的闪光之处，我把这看作至善之征象；探寻一切
可能使他美奂绝伦的东西，我把这看作非凡智慧之表现；
履行他所颁布的一切事务，我把这看作不可抗拒之伟力。

——盖伦，《论人体各部分的用处》，第三卷[1]

1　原书为 Galen, De usu partium corporis humani。本书的部分注释参考了 Johannes Kepler, The Harmony of the World, trans. E.J.Aiton, A.M.Duncan and J.V.Field, Memoirs of the American Philosophical Society, Vol. 209 以及 Bruce Stephenson, The Music of the Heavens, Princeton University Press, 1994.

序　言

关于这个发现，我二十二年前发现天球之间存在着五种正立体形时就曾预言过；在我见到托勒密的《和声学》（*Harmonica*）[1]之前就已经坚信不疑了；远在我对此确信无疑以前，我曾以本书第五卷的标题向我的朋友允诺过；十六年前，我曾在一本出版的著作中坚持要对它进行研究。为了这个发现，我已把我一生中最好的时光献给了天文学事业，为此，我曾拜访过第谷·布拉赫（Tycho Brahe），并选择在布拉格定居。最后，至高至善的上帝开启了我的心灵，激起了我强烈的渴望，延续了我的生命，增强了我精神的力量，还惠允两位慷慨仁慈的皇帝以及上奥地利地区的长官们满足了我其余的要求。我想说的是，当我在天文学领域完成了足够多的工作之后，我终于拨云见日，发现它甚至比我曾经预期的

---

1 《和声学》是托勒密的一部三卷本的关于音乐的论著，不过这里的"和声"不具有它现在所具有的意义，或可译为"音乐原理"。——译注（下文如无特殊说明，均为译注）

还要真实：连同第三卷中所阐明的一切，和谐的全部本质都可以在天体运动中找到，而且它所呈现出来的并不是我头脑中曾经设想的那种模式（这还不是最令我兴奋的），而是一种非常完美的、迥然不同的方式。正当重建天体运动这项极为艰苦繁复的工作使我进退维谷之时，阅读托勒密的《和声学》极大地增强了我对这项工作的兴趣和热情。这本书是以抄本的形式寄给我的，寄送人是巴伐利亚的总督约翰·格奥格·赫瓦特（John George Herward）先生，一个为推进哲学而生的学识渊博的人。出人意料的是，我惊奇地发现，这本书的几乎整个第三卷在一千五百年前就已经讨论了天体的和谐。不过在那个时候，天文学还远没有成熟，托勒密通过一种不幸的尝试，可能已经使人陷入了绝望。他就像西塞罗（Cicero）笔下的西庇欧（Scipio），似乎讲述了一个令人惬意的毕达哥拉斯之梦，却没有对哲学有所助益。然而粗陋的古代哲学竟能与时隔十五个世纪的我的想法完全一致，这极大地增强了我把这项工作继续下去的动力。许多人的作用为何？事物的真正本性正是通过不同时代的不同阐释者才把自身揭示给人类的。两个把自己完全沉浸在对自然的思索当中的人，竟对世界的构形有着同样的想法，这种观念上的一致正是上帝的点化（套用一句希伯来人的惯用语），因为他们并没有互为对方的向导。从十八个月前透进来的第一缕曙光，到三个月前的一天的豁然开朗，再到几天前思想中那颗明澈的太阳开始尽放光芒，我始终勇往直前，百折不回。[1] 我要纵情享受那神圣的狂喜，以坦诚的告白尽情嘲弄人类：我窃取了埃及人的金瓶[2]，却用它们在远离埃及疆界的地方给我的上帝筑就了一座圣所。如果你们宽恕我，我将感到欣慰；如果你们申斥我，我将默默忍受。总之书是写成了，骰子已经掷下去了，人们是现在读它，还是将来子孙后代读它，这都无关紧要。既然上帝为了他的研究者已经等了六千年，那就让它为读者再等上一百年吧。

本卷分为以下各章：

1. 论五种正立体形。

2. 论和谐比例与五种正立体形之间的关系。

3. 研究天体和谐所必需的天文学原理之概要。

4. 造物主在哪些与行星运动有关的事物中表现了和谐比例，方式为何？

5. 系统的音高或音阶的音、歌曲的种类、大调和小调均已在（相对于太阳上的观测者的）行星的视运动的比例中表现了出来。

---

1 开普勒把他首次尝试发现第三定律的时间追溯到了 1616 年末。1618 年 3 月 8 日，他已经得到了这条定律，却又把它当作计算错误抛弃了。两个多月后，在写这段文字的前几天，他于 1618 年 5 月 15 日发现了这条定律。

2 开普勒在这里暗指以色列人从埃及人那里偷走金银器物（《圣经·出埃及记》12：35-36），并在逃离埃及之后用它们建了一座圣所（《圣经·出埃及记》25：1-8）的故事。

6. 音乐的调式或调以某种方式表现于行星的极运动。

7. 所有六颗行星的普遍和谐比例可以像普通的四声部对位那样存在。

8. 在天体的和谐中，哪颗行星唱女高音，哪颗唱女低音，哪颗唱男高音，哪颗唱男低音？

9. 单颗行星的偏心率起源于其运动之间的和谐比例的安排。

10. 结语：关于太阳的猜想。

在开始探讨这些问题以前，我想先请读者铭记蒂迈欧（Timaeus）这位异教哲学家在开始讨论同样问题时所提出的劝诫。基督徒应当带着极大的赞美之情去学习这段话，而如果他们没有遵照这些话去做，那就应当感到羞愧。这段话是这样的：

苏格拉底，凡是稍微有一点头脑的人，在每件事情开始的时候总要求助于神，无论这件事情是大是小；我们也不例外，如果我们不是完全丧失理智的话，要想讨论宇宙的本性，考察它的起源，或者要是没有起源的话，它是如何存在的，我们当然也必须向男女众神求助，祈求我们所说的话首先能够得到诸神的首肯，其次也能为你所接受。[1]

1 柏拉图：《蒂迈欧篇》，27C。

第一章

论五种正立体形

我已经在第二卷中讨论过，正平面图形是如何镶嵌成立体形的。在那里，我曾谈到由平面图形所组成的五种正立体形，并且说明了为什么数目是五，还解释了柏拉图主义者为什么要称它们为宇宙形体（figures），以及每种立体因何种属性而对应着何种元素。在本卷的开篇，我必须再次讨论这些立体形，而且只是就其本身来谈，而不考虑平面，对于天体的和谐而言，这已经足够了。读者可以在《哥白尼天文学概要》（*Epitome of Astronomy*）第二编[1]第四卷中找到其余的讨论。

根据《宇宙的奥秘》，我想在这里简要解释一下宇宙中这五种正立体形的次序，在它们当中，三种是初级形体[2]，两种是次级形体[3]：（1）**立方体**，它位于最外层，体积也最大，因为它是首先产生的，并且从天生就具有的形式来看，它有着整体的性质；接下来是（2）**四面体**，它好像是从正方体上切割下来的一个部分，不过就像立方体一样，它也有三线立体角，从而也是初级形体；在四面体内部是（3）**十二面体**，即

1　其实应为第一编。

2　初级图形是那些立体角由三条线所组成的图形。

3　次级图形是那些立体角由多于三条线所组成的图形。

初级形体中的最后一种，它好像是由立方体的某些部分和四面体的类似部分（不规则四面体）所组成的一个立体，它盖住了里面的立方体；接下来是（4）**二十面体**，根据相似性，它是次级形体中的最后一种，有着多于三线的立体角；最后是位于最内层的（5）**八面体**，与正方体类似，它是次级形体的第一种。正如正方体因外接而占据最外层的位置，八面体也因内接而占据最内层的位置。

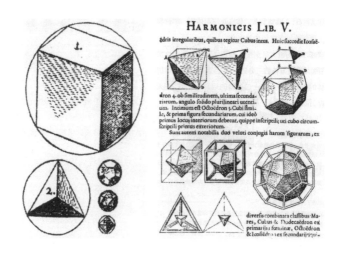

　　然而，在这些立体形中存在着两组值得注意的不同等级之间的结合（wedding）：雄性一方是初级形体中的立方体和十二面体，雌性一方则是次级形体中的八面体和二十面体，除此以外，还要加上一个独身者或雌雄同体即四面体，因为它可以内接于自身，就像雌性立体可以内接于雄性立体，仿佛隶属于它一样。雌性立体所具有的象征与雄性象征相反，前者是面，后

者是角。[1] 此外，正像四面体是雄性的正方体的一部分，宛如其内脏和肋骨一样，从另一种方式来看[2]，雌性的八面体也是四面体的一部分和体内成分：因此，四面体是该组结合的中介。

这些配偶或家庭之间的最大区别是：立方体配偶之间的比例是有理的，因为四面体是立方体的三分之一[3]，八面体是四面体的二分之一和立方体的六分之一；但十二面体的结合的比例[4]是无理的［不可表达的（ineffabilis）］，不过是神圣的[5]。

由于这两个词连在一起使用，所以务请读者注意它们的含义。与神学或神圣事物中的情形不同，"不可表达"在这里并不表示高贵，而是指一种较为低等的情形。正如我在第一卷中所说，几何学中存在着许多由于自身的无理性而无法涉足神圣比例的无理数。至于神圣比例（毋宁说是神圣分割）指的是什么，你必须参阅第一卷的内容。因为一般比例需要有四项，连比例需要有三项，而神圣比例除去比例本身的性质以外，还要求各项之间存在着一种特定的关系，即两个小项作为部分构成

1　显然，雄性象征是角或顶点，雌性象征是面。如下页图所示，雄性多面体的顶点数多于面数，雌性多面体的面数多于顶点数，而雌雄同体的多面体的顶点数和面数一样多。在每一组结合中，雄性成员的顶点数等于雌性成员的面数，所以当雌性形体内接于雄性形体时，顶点和面恰好相对。雌性同体的四面体则可以内接于另一个四面体。还有一点很重要，那就是每一组结合中的两个多面体的外接球与内接球的半径之比相等。

2　四面体的各边中点形成了八面体的各顶点。

3　四面体的体积是立方体的三分之一，下同。

4　可内接于十二面体的二十面体与十二面体的体积之比。

5　为黄金分割比。参见《世界的和谐》，第一卷，定义 26。

整个大项。因此，尽管十二面体的结合比例是无理的，但这反而成就了它，因为它的无理性接近了神。这种结合还包括了星状立体形，它是由正十二面体的五个面向外延展，直至汇聚到一点产生的。[1]读者可以参见第二卷的相关内容[2]。

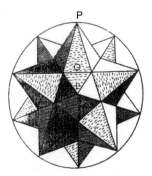

　　最后，我们必须关注这些正立体形的外接球与内切球的半径之比：对于四面体而言，这个值是有理的，它等于100 000∶33 333或3∶1；对于立方体的结合[3]而言，该值是无理的，但内切球半径的平方却是有理的，它等于（外接球）半径平方的三分之一的平方根，即100 000∶57 735；对于十二面体的结合[4]则显然是无理的[5]，它大约等于100 000∶79 465；对于星状立体形，该值等于100 000∶52 573，即二十边形边长的一半或两条半径间距的一半。

1　开普勒认为星状立体形仅仅是由正十二面体和正二十面体衍生出来的，而没有把它算作另一种基本的正多面体。

2　第二卷，命题26。

3　立方体和八面体。每一组结合中的两个多面体的内切球与外接球的半径之比相等。

4　十二面体和二十面体。

5　其准确值等于 $1 : \sqrt{15-6\sqrt{5}}$。

第二章

论和谐比例与五种
正立体形之间的关系

这些关系[1]不仅多种多样，而且层次也不尽相同，我们可以由此把它们分为四种类型：它或者仅来源于立体形的外在形状；或者在构造棱边时产生了和谐比例；或者来源于已经构造出来的立体形，无论是单个的还是组合的；或者等于或接近于立体形的内切球与外接球之比。

对于第一种类型的关系，如果比例的特征项或大项为3，它们就与四面体、八面体和二十面体的三角形面有关系；如果大项是4，则与立方体的正方形面有关系；如果大项是5，则与十二面体的五边形面有关系。这种面相似性也可以拓展到比例中的小项，于是，只要3是连续双倍比例中的一项，该比例就必定与前三个立体形有关系，比如1∶3、2∶3、4∶3和8∶3等；如果这一项是5，这个比例就必定与十二面体的结合有关系，比如2∶5、4∶5和8∶5。类似地，3∶5、3∶10、6∶5、12∶5和24∶5也都属于这些比例。但如果表示这种相似性的是两个比例项之和，那么这种关系存在的可能性就

1 开普勒所使用的原拉丁文词为cognatio，表示一种内在固有的亲缘关系。为了表述的方便，这里姑且译为"关系"。

较小了。比如在2∶3中，两个比例项加起来等于5，于是2∶3
近似与十二面体有关系。因立体角的外在形式而具有的关系
与此类似：在初级立体形中，立体角是三线的，在八面体中
是四线的，在二十面体中是五线的。因此，如果比例中的一
项是3，则该比例与初级立体形有关系；如果是4，则与八面
体有关系；如果是5，则与二十面体有关系。对于雌性立体
形，这种关系就更为明显了，因为潜藏于其内部的特征图形
具有与角同样的形式：八面体中是正方形，二十面体中是五
边形。[1] 所以3∶5有两个理由属于二十面体。

　　对于第二种起源类型的关系，可做如下考虑：首先，有
些整数之间的和谐比例与某种结合或家庭有关系，或者说，完
美比例只与立方体家庭有关系；而另一方面，也有一些比例无
法用整数来表示，而只能通过一长串整数逐渐逼近。如果这
一比例是完美的，它就被称为神圣的，并且自始至终都以各种
方式规定着十二面体的结合。因此，以下这些和谐比例1∶2、
2∶3、3∶5、5∶8是导向这一比例的开始。如果比例总是和谐
的，因1∶2最不完美，5∶8稍完美一些，我们把5加上8得
到13，并且在13前面添上8，那么得出的比例就更完美了。[2]

　　此外，为了构造立体形的棱边，（外接）球的直径必须被

1　八面体的四线立体角和二十面体的五线立体角分别与八面体中的正方形和二十面体
　　中的五边形具有相同的形式。
2　开普勒这里引用的比例是斐波那契（Fibonacci）数列的连续几项。如果无限发展下
　　去，它的比值就将接近黄金分割比，即十二面体结合的神圣比例。

切分。八面体需要直径分为两半，立方体和四面体需要分为三份，十二面体的结合需要分为五份。因此，立体形之间的比例是根据表达比例的这些数字而分配的。直径的平方也要切分，或者说立体形棱边的平方由直径的某一固定部分形成。然后，把棱边的平方与直径的平方相比，于是就构成了如下比例：正方体是1∶3，四面体是2∶3，八面体是1∶2。如果把两个比例复合在一起，则正方体和四面体给出的复合比例是1∶2，立方体和八面体是2∶3，八面体和四面体是3∶4，十二面体的结合的各边是无理的。

第三，由已经构造出来的立体形可以根据各种不同方式产生和谐比例。我们或者把每一面的边数与整个立体形的棱数相比，得到如下比例：正方体是4∶12或1∶3，四面体是3∶6或1∶2，八面体是3∶12或1∶4，十二面体是5∶30或1∶6，二十面体是3∶30或1∶10；或者把每一面的边数与面数相比，得到以下比例：正方体是4∶6或2∶3，四面体是3∶4，八面体是3∶8，十二面体是5∶12，二十面体是3∶20；或者把每一面的边数或角数与立体角的数目相比，得到以下比例：正方体是4∶8或1∶2，四面体是3∶4，八面体是3∶6或1∶2，十二面体的结合是5∶20或3∶12（即1∶4）；或者把面数与立体角的数目相比，得到以下比例：立方体是6∶8或3∶4，四面体是1∶1，十二面体是12∶20或3∶5；或者把全部边数与立体角的数目相比，得到以下比例：立方体是

8：12或2：3，四面体是4：6或2：3，八面体是6：12或1：2，十二面体是20：30或2：3，二十面体是12：30或2：5。

这些立体形彼此之间也可以相比。如果通过几何上的内嵌，把四面体嵌入立方体，把八面体嵌入四面体和立方体，则四面体等于立方体的三分之一，八面体等于四面体的二分之一和立方体的六分之一，所以内接于球的八面体等于外切于球的立方体的六分之一。其余立体形之间的比例都是无理的。

对于我们的研究来说，第四类或第四种程度的关系是更为适当的，因为我们所寻求的是立体形的内切球与外接球之比，计算的是与此接近的和谐比例。只有在四面体中，内切球的直径才是有理的，即等于外接球的三分之一。但在立方体的结合中，这唯一的比例只有在相应线段平方之后才是有理的，因为内切球的直径与外接球的直径之比为1：3的平方根。如果把这些比例相互比较，则四面体的两球之比[1]将等于立方体两球之比的平方。在十二面体的结合中，两球之比仍然只有一个值，不过是无理的，稍大于4：5。因此，与立方体和八面体的两球之比相接近的和谐比例分别是稍大的1：2和稍小的3：5；而与十二面体的两球之比相接近的和谐比例分别是稍小的4：5和5：6，以及稍大的3：4和5：8。

然而如果由于某种原因，1：2和1：3被归于立方体[2]，而

1　内切球与外接球的直径或半径之比，后同。
2　这里没有说明为什么要把1：3归于立方体而非四面体，其原因要到第九章的命题8才能说明。

且确实就用这个比例，则立方体的两球之比与四面体的两球之比之间的比例，将等于已被归于立方体的和谐比例 1∶2 和 1∶3 与将被归于四面体的和谐比例 1∶4 和 1∶9 之比，这是因为这些比例（四面体的比例）等于前面那些和谐比例（立方体的和谐比例）的平方。对四面体而言，由于 1∶9 不是和谐比例，所以它只能被 1∶8 这一与它最接近的和谐比例所代替。根据这个比例，属于十二面体的结合的比例将约为 4∶5 和 3∶4。因为立方体的两球之比近似等于十二面体的两球之比的立方，所以立方体的和谐比例 1∶2 和 1∶3 将近似等于和谐比例 4∶5 和 3∶4 的立方。4∶5 的立方是 64∶125，1∶2 即为 64∶128；3∶4 的立方是 27∶64，1∶3 即为 27∶81。

第三章

研究天体和谐所必需的
天文学原理之概要

在阅读本文之初，读者们即应懂得，尽管古老的托勒密天文学假说已经在普尔巴赫（Peuerbach）的《关于行星的新理论》（*Theoricae novae planetarum*）[1]以及其他概要著作中得到了阐述，却与我们目前的研究毫不相同，我们应当从心目中将其驱除干净，因为它们既不能给出天体的真实排列，又无法为支配天体运动的规律提供合理的说明。

我只能单纯用哥白尼关于世界的看法代替托勒密的那些假说，如果可能，我还要让所有人都相信这一看法，因为许多普通研究者对这一思想依然十分陌生，在他们看来，地球作为行星之一在群星中围绕静止不动的太阳运行，这种说法是相当荒谬的。那些为这种新学说的奇特见解所震惊的人应当知道，这些关于和谐的思索即便在第谷·布拉赫的假说中也占有一席之地，因为第谷赞同哥白尼关于天体排列以及支配天体运动的规律的每一种观点，只是单把哥白尼所坚持的地球的周年运动改成了整个行星天球体系和太阳的运动，而

1　普尔巴赫（1421—1461），奥地利天文学家。《关于行星的新理论》是其最有名的著作。

哥白尼和第谷都认为，太阳位于体系的中心。虽然经过了这
种运动的转换，但在第谷体系和哥白尼体系中，地球在同一
时刻所处的位置都是一样的，即使它不是在广袤无垠的恒星
天球区域，至少也是在行星世界的体系中。正如一个人转动
圆规的画脚可以在纸上画出一个圆，他若保持圆规画脚或画
针不动，而把纸或木板固定在运转的轮子上，也能在转动的
木板上画出同样的圆。现在的情况也是如此，按照哥白尼的
学说，地球由于自身的真实运动而在火星的外圆与金星的内
圆之间划出自己的轨道；而按照第谷的学说，整个行星体系
（包括火星和金星的轨道在内）就像轮子上的木板一样在旋转
着，而固定不动的地球则好比刻纸用的铁笔，在火星与金星
圆轨道之间的空间中保持静止。由于体系的这种运动，遂使
静止不动的地球在火星和金星之间绕太阳画出的圆，与哥白
尼学说中由于地球自身的真实运动而在静止的体系中画出的
圆相同。再则，因为和谐理论认为，从太阳上看去行星是在
做偏心运动，我们遂不难理解，尽管地球是静止不动的（姑
且按照第谷的观点认为如此），但如果观测者位于太阳上，那
么无论太阳的运动有多大，他都会看到地球在火星与金星之
间划出自己的周年轨道，运行周期也介于这两颗行星的周期
之间。因此，即使一个人对于地球在群星间的运动难思难解、
疑信参半，他还是能够满心情愿地思索这无比神圣的构造机
理，他只需把自己所了解的关于地球在其偏心圆上所做的周

日运动的知识，应用于在太阳上所观察到的周日运动（就像第谷那样把地球看作静止不动所描述的那种运动）即可。

然而，萨摩斯哲学[1]的真正追随者们大可不必羡慕这些人的此等冥思苦想，因为倘使他们接受太阳不动和地球运动的学说，则必将从那完美无缺的沉思中获得更多的乐趣。

首先，读者应当知道，除月球是围绕地球旋转外，所有行星都围绕太阳旋转，这对当今所有的天文学家来说都已成为一个毋庸置疑的事实；月球的天球或轨道太小，以致无法在图中用与其他轨道相同的比例画出。因此，地球应作为第六个成员加入其他五颗行星的行列，无论认为太阳是静止的而地球在运动，还是认为地球是静止的而整个行星体系在旋转，地球本身都描出环绕太阳的第六个圆。

其次，还应确立以下事实：所有行星都在偏心轨道上旋转，也就是说，它们与太阳之间的距离是变化的，并且在一段轨道上离太阳较远，而在相对的另一段轨道上离太阳较近。在附图中，每颗行星都对应着三个圆周，但没有一个圆周代表该行星的真实偏心轨道。以火星为例，中间一个圆的直径 BE 等于偏心轨道的较长直径，火星的真实轨道 AD，切三个圆周中最外面的一个 AF 于 A 点，切最里面的一个 CD 于 D 点。用虚线画出的经过太阳中心的轨道 GH，代表太阳在第谷体系

1　萨摩斯的阿里斯塔克的日心说，一般认为，阿里斯塔克第一次提出了日心说。

中的轨道。如果太阳沿此路径运动，则整个行星体系中的每一个点也都在各自的轨道上做同样的运动。并且，如果其中的一点（太阳这个中心）位于其轨道上的某处，比如下页图中所示的最下端，则体系中的每一点也都将位于各自轨道的最下端。由于图幅狭窄，金星的三个圆周只能姑且合为一个。

第三，请读者回想一下，我在二十二年前出版的《宇宙的奥秘》一书中曾经讲过，围绕太阳旋转的行星或圆轨道的数目是智慧的造物主根据五种正立体择取的。欧几里得（Euclid）在许多个世纪以前就写了一本书论述这些正立体，因其由一系列命题所组成，故名为《几何原本》（Elements）[1]。但我在本书的第二卷中已经阐明，不可能存在更多的正立体，也就是说，正平面图形不可能以五种以上的方式构成一个立体。

第四，至于行星轨道之间的比例关系，很容易想见，相邻的两条行星轨道之比近似地等于某种正立体的单一比例，即它的外接球与内切球之比。但正如我曾就天文学的最终完美所大胆保证的，它们并非精确地相等。在根据第谷·布拉赫的观测最终证实了这些距离之后，我发现了如下事实：如果置立方体的各角于土星的内圆，则立方体各面的中心就几乎触及木星的中圆；如果置四面体的各角于木星的内圆，则四

---

1 "elements" 的意思是 "原理、初步"。

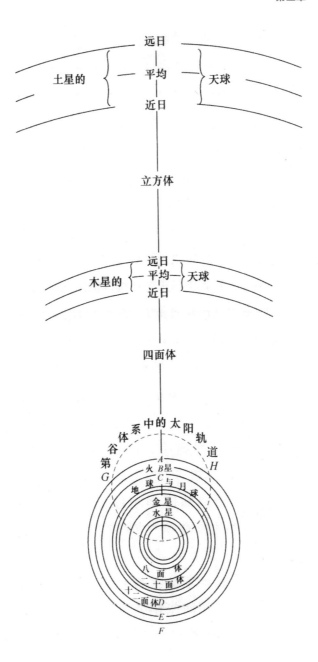

面体各面的中心就几乎触及火星的外圆；同样，如果八面体的角张于金星的任一圆上（因为三个圆都挤在一个非常狭小的空间里），则八面体各面的中心就会穿过并且落在水星外圆的内部，但还没有触及中圆；最后，与十二面体及二十面体的外接圆与内切圆之比——这些比值彼此相等——最接近的，是火星与地球的各圆周，以及地球与金星的各圆周之间的比值或间距。而且，倘若我们从火星的内圆算到地球的中圆，从地球的中圆算到金星的中圆，则这两个间距也几乎是相等的，因为地球的平均距离是火星的最小距离与金星的平均距离的比例中项。然而，行星各圆周间的这两个比值还是大于立体形的这两对圆周间的比值，所以正十二面体各面的中心不能触及地球的外圆，正二十面体各面的中心不能触及金星的外圆。而且这一裂隙还不能被地球的最大距离与月球轨道半径之和，以及地球的最小距离与月球轨道半径之差所填满。不过，我发现还存在着另一种与立体形有关的关系：如果把一个由十二个五边形所组成，从而十分接近于那五种正立体的扩展了的正十二面体（我称之为"海胆"）的十二个顶点置于火星的内圆上，则五边形的各边（它们分别是不同的半径或点的基线）将与金星的中圆相切。简而言之，立方体和与之共轭的八面体完全没有进入它们的行星天球，十二面体和与之共轭的二十面体略微进入它们的行星天球，而四面体则刚好触及两个行星天球：行星的距离在第一种情况下存在亏值，在第二种情况下存在盈值，在第三种情况下则恰好相等。

由此可见，仅由正立体形并不能推导出行星与太阳的距离之间的实际比例。这正如柏拉图所说，几何学的真实发源地即造物主"实践永恒的几何学"而从不偏离他自身的原型。[1]的确，这一点也可由如下事实得出：所有行星都在固定的周期内改变着各自的距离，每颗行星都有两个与太阳之间的特征距离，即最大距离与最小距离。因此，对于每两颗行星到太阳的距离可以进行四重比较，即最大距离之比、最小距离之比、彼此相距最远时的距离之比、彼此相距最近时的距离之比。这样，对于所有两两相邻的行星的组合，共得二十组比较，然而另一方面，正立体形却总共只有五种。有理由相信，如果造物主注意到了所有轨道的一般关系，那么他也将注意到个别轨道的距离变化，并且两种情况下所给予的关注是同样的而且是彼此相关的。只要我们认真考虑这一事实，就必定能够得出以下结论：要想同时确定轨道的直径与偏心率，除五种正立体外，还需要有另外一些原理做补充。

第五，为了得出能够确立起和谐性的诸种运动，我再次提请读者铭记我在《火星评注》(Commentaries on Mars)中根据第谷·布拉赫极为可靠的观测记录已经阐明的如下事实：

1　其实在柏拉图的著作中并不能找到这段话。

行星经过同一偏心圆上的等周日弧的速度是不相等的；随着与太阳这个运动之源的距离的不同，它经过偏心圆上相等弧的时间也不同；反之，如果每次都假定相等的时间，比如一自然日，则同一偏心圆轨道上与之相应的真周日弧与各自到太阳的距离成反比。同时我也阐明了，行星的轨道是椭圆形的，太阳这个运动之源位于椭圆的其中一个焦点上；由此可得，当行星从远日点开始走完整个圆轨道的四分之一的时候，它与太阳的距离恰好等于远日点的最大值与近日点的最小值之间的平均距离。由这两条原理可知，行星在其偏心圆上的周日平均运动与当它位于从远日点算起的四分之一圆周的终点时的瞬时真周日弧相同，尽管该实际四分之一圆周似乎较严格四分之一圆周为小。进一步可以得到，偏心圆上的任何两段真周日弧，如果其中一段到远日点的距离等于另一段到近日点的距离，则它们的和就等于两段平周日弧之和；因此，由于圆周之比等于直径之比，所以平周日弧与整个圆周上所有平周日弧（其长度彼此相等）总和之比，就等于平周日弧与整个圆周上所有真偏心弧的总和之比。平周日弧与真偏心弧的总数相等，但长度彼此不同。当我们预先了解了这些有关真周日偏心弧和真运动的内容之后，就不难理解从太阳上观察到的视运动了。

　　第六，然而关于从太阳上看到的视弧，从古代天文学就可以知道，即使几个真运动完全相等，当我们从宇宙中心观测时，距中心较远（例如在远日点）的弧也将显得小些，距中心较近（例如在近日点）的弧将显得大些。此外，正如我在《火星评注》中已经阐明的，较近的真周日弧由于速度较快而大一些，在较远的远日点处的真周日弧由于速度较慢而小一些，由此可以得到，**偏心圆上的视周日弧恰好与其到太阳距离的平方成反比**。举例来说，如果某颗行星在远日点时距离太阳为 10 个单位（无论何种单位），而当它到达近日点从而与太阳相冲时，距离太阳为 9 个单位，那么从太阳上看去，它在远日点与近日点的视行程之比必定为 81∶100。

但上述论证要想成立，必须满足如下条件：首先，偏心弧不大，从而其距离变化也不大，也就是说从拱点到弧段终点的距离改变甚微；其次，偏心率不太大，因为根据欧几里得《光学》（*Optics*）的定理 8，偏心率越大（弧越大），其视运动角度的增加较之其本身朝着太阳的移动也越大。不过，正如我在《光学》第十一章中所指出的，如果弧很小，那么即使移动很大的距离，也不会引起角度明显的变化。然而，我之所以提出这些条件，还有另外的原因。从日心观测时，偏心圆上位于平近点角附近的弧是倾斜的，这一倾斜减少了该弧视象的大小，而另一方面，位于拱点附近的弧却正对着视线方向。因此当偏心率很大时，似乎只有对于平均距离，运动才显得同本来一样大小，倘若我们不经减小就把平均周日运动用到平均距离上，那么各运动之间的关系显然就会遭到破坏，这一点将在后面水星的情形中表现出来。所有这些内容，在《哥白尼天文学概要》第五卷中都有相当多的论述，但仍有必要在此加以说明，因为这些论题所触及的正是天体和谐原理本身。

第七，倘若有人思考地球而非太阳上的观察者所看到的周日运动（《哥白尼天文学概要》的第六卷讨论了这些内容），他就应当知道，这一问题尚未在目前的探讨中涉及。显然，这既是无须考虑的，因为地球不是行星运动的来源；同时也是无法考虑的，因为这些相对于虚假视象的运动，不仅会表现为静止或留，而且还会表现为逆行。于是，如此种种不可胜数的关系就同时被平等地归于所有的行星。因此，为了能够弄清楚建立于各个真偏心轨道周日运动基础上的内在关系究竟如何（尽管在太阳这个运动之源上的观测者看来，它们本身仍然是视运动），我们首先必须从这种内在运动中分离出全部五颗行星所共有的外加的周年运动，而不管此种运动究竟是像哥白尼所宣称的那样，起因于地球本身的运动，还是如第谷所宣称的那样，起因于整个体系的周年运动。同时，必须使每颗行星的固有运动完全脱离外表的假象。[1]

第八，至此，我们已经讨论了同一颗行星在不同时间所走过的不同的弧。现在，我们必须进一步讨论如何对两颗行

---

1 这里开普勒是在强调，天体的和谐只能在行星的真运动，即从太阳上观测到的运动中发现。

星的运动进行比较。这里先来定义一些今后要用到的术语。我们把上行星的近日点和下行星的远日点称为两颗行星的**最近拱点**，而不管它们是朝着同一天区，还是朝着不同的乃至相对的天区运行。我们把行星在整个运行过程中最快和最慢的运动称为**极运动**，把位于两颗行星最近拱点处（上行星的近日点和下行星的远日点）的运动称为**收敛极运动或逼近极运动**，把位于相对拱点处（上行星的远日点和下行星的近日点）的运动称为**发散极运动或远离极运动**。我在二十二年前由于有些地方尚不明了而置于一旁的《宇宙的奥秘》中的一部分，必须重新加以完成并在此引述。因为借助于第谷·布拉赫的观测，通过黑暗中的长期摸索，我弄清楚了天球之间的真实距离，并最终发现了轨道周期之间的真实比例关系。这真是：

虽已姗姗来迟，仍在徘徊观望，

历尽茫茫岁月，终归如愿临降。[1]

　　倘若问及确切的时间，应当说，这一思想发轫于今年即公元 1618 年的 3 月 8 日，但当时计算很不顺意，遂当作错误置于一旁。最终，5 月 15 日来临了，我又发起了一轮新的

1　选自维吉尔：《牧歌》[*Eclogue*]，其一，27 和 29。

冲击。思想的暴风骤雨一举扫除了我心中的阴霾，我在第谷的观测上所付出的十七年心血与我现今的冥思苦想之间获得了圆满的一致。起先我还当自己是在做梦，以为基本前提中就已经假设了结论，然而，这条原理是千真万确的，即**任何两颗行星的周期之比恰好等于其自身轨道平均距离的 $\frac{3}{2}$ 次方之比**，尽管椭圆轨道两条直径的算术平均值较其长径稍小。举例来说，地球的周期为 1 年，土星的周期为 30 年，如果取这两个周期之比的立方根，再把它平方，得到的数值刚好就是土星和地球到太阳的平均距离之比。[1] 因为 1 的立方根是1，再平方仍然是 1；而 30 的立方根大于 3，再平方则大于 9，因此土星与太阳的平均距离略大于日地平均距离的九倍。在第九章中我们将会看到，这个定理对于导出偏心率是必不可少的。

　　第九，如果你现在想用同一把码尺测量每颗行星在充满以太的天空中所实际走过的周日行程，你就必须对两个比值进行复合，其一是偏心圆上的真周日弧（不是视周日弧）之比，其二是每颗行星到太阳的平均距离（因为这也就是轨道的大小）之比，换言之，**必须把每颗行星的真周日弧乘以其轨道半径**。只有这样得到的乘积，才能用来探究那些行程之间是否可以构成和谐比例。

1　因为我已经在《火星评注》第 48 章第 232 页上证明，该算术平均值或者等于与椭圆轨道等长的圆周的直径，或者略小于这个数值。——原注

第十，为了能够真正知道，当从太阳上看时这种周日行程的视长度有多大（尽管这个值可以从天文观测直接获得），你只要把行星所处的偏心圆上任意位置的真距离（而不是平均距离）的反比乘以行程之比，即把上行星的行程乘以下行星到太阳的距离，而把下行星的行程乘以上行星到太阳的距离，就可以得出所需的结果。

第十一，同样，如果已知一行星在远日点、另一行星在近日点的视运动，或者已知相反的情况，那么就可以得出一行星的远日距与另一行星的近日距之比。然而在这里，平均运动必须是预先知道的，即两个周期的反比已知，由此即可推出前面第八条中所说的那个轨道比值：**如果取任一视运动与其平均运动的比例中项，则该比例中项与其轨道半径（这是已经知道的）之比就恰好等于平均运动与所求的距离或间距之比。**设两颗行星的周期分别是 27 和 8，则它们之间的平均周日运动之比就是 8∶27。因此，其轨道半径之比将是 9∶4，这是因为 27 的立方根是 3，8 的立方根是 2，而 3 与 2 这两个立方根的平方分别是 9 与 4。现在设其中一行星在远日点的视运动为 2，另一行星在近日点的视运动为 $\frac{331}{3}$。平均运动 8 和 27 与这些视运动的比例中项分别等于 4 和 30。因此，如果比例中项 4 给出该行星的平均距离 9，那么平均运动 8 就给出对应于视运动 2 的远日距 18；并且如果另一个比例中项 30 给出另一行星的平均距离 4，那么该行星的平均运动 27

就给出了它的近日距$\frac{33}{5}$。由此，我得到前一行星的远日距与后一行星的近日距之比为 $18:\frac{33}{5}$。因此，显然如果两颗行星极运动之间的和谐已经被发现，二者的周期也已经被确定，那么就必然能够导出其极距离和平均距离，并进而求出偏心率。

第十二，由同一颗行星的各种极运动也可以求出其平均运动。严格说来，平均运动既不等于极运动的算术平均值，也不等于其几何平均值，然而它小于几何平均值的量却等于几何平均值小于算术平均值的量的一半。设两种极运动分别为 8 和 10，则平均运动将小于 9，而且小于 80 的平方根的量等于 9 与 80 的平方根之差的一半。再设远日运动为 20，近日运动为 24，则平均运动将小于 22，而且小于 480 的平方根的量等于 22 与 480 的平方根之差的一半。这条定理在后面将会用到。[1]

第十三，由上所述，我们可以证明如下命题，它对于我们今后的工作将是不可或缺的：由于两颗行星的平均运动之比等于其轨道的 $\frac{3}{2}$ 次方之比，所以两种视收敛极运动之比总小于与极运动相应的距离的 $\frac{3}{2}$ 次方之比；这两个相应距离与平均距离或轨道半径之比乘得的积小于两轨道的平方根之比的数值，将等于两收敛极运动之比大于相应距离之比的数值；而如果该复合比超过了两轨道的平方根之比，则收敛运动之

---

1 在第九章命题 48 中求偏心率时会用到。

比就将小于其距离之比。[1]

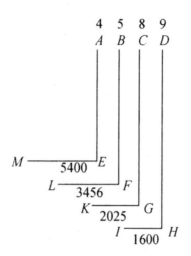

设轨道之比为 $DH : AE$，平均运动之比为 $HI : EM$，它等于前者倒数的 $\frac{3}{2}$ 次方。设第一颗行星的最小轨道距离为 CG，第二颗行星的最大轨道距离为 BF，$DH : CG$ 与 $BF : AE$ 的积小于 $DH : AE$ 的平方根。再设 GK 为上行星在近日点的视运动，FL 为下行星在远日点的视运动，从而它们都是收敛极运动。

我要说明的是，

$$GK : FL > BF : CG$$

$$GK : FL < CG^{\frac{3}{2}} : BF^{\frac{3}{2}}$$

1　开普勒计算比值时总是把比例各项从大到小排列，而不是像我们今天这样先排比例前项，后排比例后项。例如开普勒说，2 : 3 与 3 : 2 是一样的，3 : 4 大于 7 : 8，等等。——C. G. Wallis（英译者）

因为

$$HI : GK = CG^2 : DH^2$$

$$FL : EM = AE^2 : BF^2$$

所以

$$HI : GK \text{ comp.}^1 FL : EM = CG^2 : DH^2 \text{ comp. } AE^2 : BF^2$$

但根据假定，

$$CG : DH \text{ comp. } AE : BF < AE^{\frac{1}{2}} : DH^{\frac{1}{2}}$$

两者相差一个固定的亏缺比例，于是把这个不等式的两边平方，便得到

$$HI : GK \text{ comp. } FL : EM < AE : DH,$$

其亏缺比例[2]等于前一亏缺比例的平方。但根据前面的第八条命题，

$$HI : EM = AE^{\frac{3}{2}} : DH^{\frac{3}{2}},$$

把小了亏缺比例平方的比例除以$\frac{3}{2}$次方之比，也就是说，

$$HI : EM \text{ comp. } GK : HI \text{ comp. } EM : FL > AE^{\frac{1}{2}} : DH^{\frac{1}{2}}$$

两者相差盈余比例的平方。而

$$HI : EM \text{ comp. } GK : HI \text{ comp. } EM : FL = GK : FL$$

因此

$$GK : FL > AE^{\frac{1}{2}} : DH^{\frac{1}{2}}$$

1　这里 comp. 就是指上段提到的复合比，即两个比值的乘积，为了忠实于原英译本，这里不用现代的乘号标出。

2　"亏缺比例"即较小的前项与较大的后项之比，"盈余比例"即较大的前项与较小的后项之比。

两者相差盈余比例的平方。但是，

$$AE : DH = AE : BF \text{ comp. } BF : CG \text{ comp. } CG : DH$$

且

$$CG : DH \text{ comp. } AE : BF < AE^{\frac{1}{2}} : DH^{\frac{1}{2}}$$

两者相差简单亏缺比例，因此，

$$BF : CG > AE^{\frac{1}{2}} : DH^{\frac{1}{2}}$$

两者相差简单盈余比例。但是，

$$GK : FL > AE^{\frac{1}{2}} : DH^{\frac{1}{2}}$$

两者相差简单盈余比例的平方，而简单盈余比例的平方大于简单盈余比例，所以运动 GK 与 FL 之比大于相应距离 BF 与 CG 之比。

依照同样的方式，我们还可以相反地证明，如果行星在超过 H 和 E 处的平均距离的 G 和 F 处彼此接近，以至于平均距离之比 $DH : AE$ 变得比 $DH^{\frac{1}{2}} : AE^{\frac{1}{2}}$ 还要小，那么运动之比 $GK : FL$ 就将小于相应距离之比 $BF : CG$。要证明这一点，你只需把大于变为小于，$>$ 变为 $<$，**盈余**变为**亏缺**，一切颠倒过来。

对于前面所引数值，$\frac{4}{9}$ 的平方根是 $\frac{2}{3}$，$\frac{5}{8}$ 比 $\frac{2}{3}$ 大出盈余比例 $\frac{15}{16}$，$8 : 9$ 的平方是 $1\,600 : 2\,025$ 即 $64 : 81$，$4 : 5$ 的平方是 $3\,456 : 5\,400$ 即 $16 : 25$，最后，$4 : 9$ 的 $\frac{3}{2}$ 次方是 $1\,600 : 5\,400$ 即 $8 : 27$，于是，$2\,025 : 3\,456$ 即 $75 : 128$，要比 $5 : 8$ 即 $75 : 120$ 大出同样的盈余比例 $120 : 128$ 即 $15 : 16$；

因此，收敛运动之比 2 025：3 456 大于相应距离的反比 5：8 的量，等于 5：8 大于轨道之比的平方根 2：3 的量。或者换句话说，两收敛距离之比等于轨道平方根之比与相应运动的反比的平均值。

我们还可以由此推出，发散运动之比远远大于轨道的 $\frac{3}{2}$ 次方之比，这是因为轨道的 $\frac{3}{2}$ 次方之比与远日距离之比的平方复合为平均距离之比，与平均距离之比复合为近日距离之比。

第四章

造物主在哪些与行星运动有关的事物中表现了和谐比例，方式为何？

如果把行星逆行和留的幻象除去，使它们在其真实偏心轨道上的自行突显出来，则行星还剩下这样一些特征项：（1）与太阳之间的距离；（2）周期；（3）周日偏心弧；（4）在那些弧上的周日时耗（delay）[1]；（5）它们在太阳上所张的角，或者相对于太阳上的观测者的视周日弧。在行星的整个运行过程中，除周期外，所有这些项都是可变的，而且在平黄经处变化最大，在极点处变化最小，此时行星正要从其中的一极转向另一极。因此，当行星位于很低的位置或与太阳相当接近时，它在其偏心轨道上走过一度的时耗很少，而在一天之中走过的偏心弧却很长，从太阳上看运动很快。此后，行星的运动将这样持续一段时间，而不发生明显的改变，直到通过了近日点，行星与太阳的直线距离才渐渐开始增加。同时，行星在其偏心轨道上走过一度的时耗也越来越长，或若考虑周日运动，从太阳上看去，行星每天的行进将越来越少，走得也越来越慢，直至到达高拱点，距离太阳最远为止。此

1　这里显然有误。周日时耗当然就是一日。根据开普勒后来的讨论，他这里本来要说的似乎是"在等弧上的时耗"。后面的"时耗"均指经过相等弧段所需的时间。

时，行星在偏心轨道上走过一度的时耗最长，而在一天之中走过的弧最短，视运动也是整个运行过程中最小的。

最后，所有这些特征项既可以属于处于不同时间的同一颗行星，又可以属于不同的行星。所以倘若假定时间为无限长，某一行星轨道的所有状态都可以在某一时刻与另一行星轨道的所有状态相一致，并且可以相互比较，则它们的整个偏心轨道之比将等于其半径或平均距离之比。但是两条偏心轨道上被指定为相等或具有同一（度）数的弧却代表不同的真距离，比如土星轨道上一度的长度大约等于木星轨道上一度的两倍。而另一方面，用天文学数值所表示的偏心轨道上的周日弧之比，也并不等于行星在一天之中穿过以太的真距离之比，因为同样的单位度数在上行星较宽的圆上表示较大的路径，在下行星较窄的圆上表示较小的路径。

我们首先考虑前面所列特征项中的第二项，即行星的周期，它等于行星通过整个轨道所有弧段的全部时耗（长的、中等的和短的）之总和。根据从古至今的观测结果，诸行星绕日一周所需时间如下表所示：

	日	日分 [1]	由此得到的平均周日运动		
			分	秒	毫秒
土星	10 759	12	2	0	27
木星	4 332	37	4	59	8

1 古人把一天的时间分成 60 个单位，每一个单位的时间长度为 1 日分。后面的时间单位"分"均指"日分"。

（续表）

| | 日 | 日分 [1] | 由此得到的平均周日运动 | | |
			分	秒	毫秒
火星	686	59	31	26	31
地球和月球	365	15	59	8	11
金星	224	42	96	7	39
水星	87	58	245	32	25

因此，这些周期之间并不存在和谐比例。只要把较大的周期连续减半，把较小的周期连续加倍，忽略八度音程，得到一个八度内的音程，就很容易看出这一点。[1]

	土星	木星	火星	地球	金星	水星	
减半	10 759 日 12 分 5 379 日 36 分 2 689 日 48 分 1 344 日 54 分 672 日 27 分	4 332 日 37 分 2 116 日 19 分 1 083 日 10 分 541 日 35 分	686 日 59 分	365 日 15 分	224 日 42 分 449 日 24 分	87 日 58 分 175 日 56 分 351 日 52 分	加倍

你可以发现，所有最后的数都无法构成和谐比例，或者说构成的比例是无理的。因为如果取 120（对弦的分割数）为对火星的日数 687 的度量，则按照这种单位计算，土星的十六分之一周期为 117，木星的八分之一周期小于 95，地球的周期小于 64，金星的两倍周期大于 78，水星的四倍周期大于 61。这些数值都不能与 120 构成和谐比例，但与它们临近

1　周期每除以 2，音程就提高一个八度；每乘以 2，就降低一个八度。例如，土星周期的十六分之一为 672.27 天，音程提高了 4 个八度。这个值比上火星的周期大约为 117∶120。这个音程在一个八度以内，但显然不是协和音程。

的数 60、75、80 和 96 却可以；类似地，如果把 120 取为土星的度量，则木星的值约为 97，地球大于 65，金星大于 80，水星小于 63；当木星取为 120 时，地球小于 81，金星小于 100，水星小于 78；当金星取为 120 时，地球小于 98，水星大于 94；最后，当地球取为 120 时，水星小于 116。但如果这种对比例的自由选择是有效的话，它们本应当是绝对完美的和谐比例，而不存在任何盈余或亏缺。于是我们发现，造物主并不希望时耗之和即周期之间构成和谐比例。

尽管行星的体积之比等于周期之比这个猜想很有可能成立（它基于几何学证明以及《火星评注》中关于行星运动成因的学说），从而土星球大约是地球的三十倍，木星球是地球的十二倍，火星球小于地球的两倍，地球是金星球的一倍半，是水星球的四倍，但即使这些关于体积的比例也不是和谐的。

然而，除非已经受到其他某种必然性定律的支配，上帝所创立的任何事物都不可能不具有几何学上的美，所以我们立即可以推出，凭借某种预先存在于原型中的东西，周期已经得到了最合适的长度，运动物体也已经得到了最合适的体积。需要说明的是，这些看似不成比例的体积和周期何以会被设计成这般尺寸。我已经说过，周期是由最长的、中等的和最短的时耗全部加在一起得到的，因此，几何学上的和谐必定可以从这些时耗上，或者从造物主心灵中的某种在先的东西中发现。而时耗之比与周日弧之比有着密切的关系，因为周日弧与时耗成反比。我们还说过，任一行星的时耗与距离之比相等。于是对于同一颗行星来说，（周日）弧、等弧上的时耗、周日弧与太阳之间的距离这三者是一回事。既然对于行星来说，所有这些项都是可变的，那么如果至高的造物主已经通过可靠的设计，给行星赋予了某种几何学上的美的话，这种美就一定会在其两极处凭借远日距和近日距实现，而不会凭借两者之间的平均距离实现。极距离之比已定，就不必再把居间的比例也设计成确定的值了，因为根据行星从其中一极通过所有中间点向另一极运动的必然性，它们会自动获取相应的值。

根据第谷·布拉赫极为精确的观测结果以及《火星评注》中所给出的方法，通过十七年的苦心研究，我们得到了如下极距离：

距离与和谐比例的比较[1]

两行星间的比例 发散的　收敛的		距离	单颗行星的固有比例
$\dfrac{a}{d}=\dfrac{2}{1}$,	$\dfrac{b}{c}=\dfrac{5}{3}$	土星的远日点 10 052 a. 近日点 8 968 b.	大于一个小全音 $\dfrac{10\,000}{9\,000}$ 小于一个大全音 $\dfrac{10\,000}{8\,935}$
$\dfrac{c}{f}=\dfrac{4}{1}$,	$\dfrac{d}{e}=\dfrac{3}{1}$	木星的远日点 5 451 c. 近日点 4 949 d.	非和谐比例，但约为不和谐的 11：10，或 6：5 的平方根
$\dfrac{e}{h}=\dfrac{5}{3}$,	$\dfrac{f}{g}=\dfrac{27}{20}$	火星的远日点 1 665 e. 近日点 1 382 f.	1 662：1 385 是和谐比例 6：5 1 665：1 332 是和谐比例 5：4
$\dfrac{g}{k}=\dfrac{2}{1\frac{2}{1}}$,		地球的远日点 1 018 g. 近日点 982 h.	1 025：984 是第西斯 25：24 因此它还不到一个第西斯 小于一个半音差
即 $\dfrac{10\,000}{7\,071}$,	$\dfrac{h}{i}=\dfrac{27}{20}$	金星的远日点 729 i. 近日点 719 k.	大于第西斯的三分之一
$\dfrac{i}{m}=\dfrac{12}{5}$	$\dfrac{k}{l}=\dfrac{243}{160}$	水星的远日点 470 l. 近日点 307 m.	243：160，大于纯五度但小于和谐比例 8：5

因此，除了火星与水星，其他行星的极距离之比都不接近和谐比例。

然而倘若你把不同行星的极距离进行相互比较，某种和谐的迹象就会显示出来。因为土星与木星的发散极距离之间略大于一个八度，收敛极距离之间是大六度和小六度的平均；木星与火星的发散极距离之间构成约两个八度，收敛极距离之间约为八度加五度；地球与火星的发散极距离之间略大于大六度，收敛极距离之间构成增四度；地球与金星的收敛极距离之间也构成增四度，但发散极距离之间却不能构成任何和谐比例，这是因为它小于半个八度，也就是说小于 2:1 的平方根；最后，金星与水星的发散极距离之间略小于八度加小三度，发散极距离之间略大于增五度。

因此，尽管有一个距离与和谐比例偏离较远，但业已取得的成功激励我们继续探索下去。我的推理如下：首先，由于这些距离都是没有运动的长度，所以它们不适合用来考察和谐比例，因为和谐与运动的快慢联系更为紧密；其次，由于这些距离都是天球半径，所以很容易想见，五种正立体形的比例更可能适用于它们，这是因为几何立体与天球（或被天际物质四处包围，如古人所说的那样，或被累计起来的连续多次旋转所包围）之比，等于内接于圆的平面图形（正是这些图形产生了和谐）与天上的运动圆周之比以及与运动发生的其他区域之比。因此，如果我们要寻找和谐，就不应当在这些天球半径中寻找，而要到运动的度量即实际运动中去寻找。当然，天球的半径只能取成平均距离，而我们这里所讨论的却是极距离。因此，我们所讨论的不是关于天球的距离，而是关于运动的距离。

　　尽管我已经由此转到了对极运动进行比较，但极运动之比仍与前面所讨论的极距离之比相同，只不过比例的顺序要颠倒一下。因此，前面发现的某些不和谐比例在极运动之间也可以找到。但我认为，得到这样的结果是理所当然的，因为我是在把偏心弧进行比较，它们不是通过同样大小的量度进行表达和计算的，而是通过大小因行星而异的度和分来计算的。而且从我们这里观察，它们的视尺寸绝不会与其数值所指示的一样大，除非是在每颗行星的偏心轨道的中心，而这一中心并没有落在任何东西上；认为在那个位置存在着某种能够把握这种视尺寸的感官或天性，这是令人难以置信的；或者说，如果我想把不同行星的偏心弧与它们在各自中心（因行星而异）所显现出来的视尺寸进行比较，这是不可能的。然而，如果要对不同的视尺寸就像比较，那么它们就应该在宇宙中的同一个位置显现，并使其比较者处在它们共同显现的位置。因此我认为，这些偏心弧的视尺寸或者应从心中排除，或者应以不同的方式来表示。如果我把视尺寸从心中排除，而把注意力转到行星的实际周日行程上去，我就发现不得不运用我在前一章第九条中所给出的规则。[1] 于是，把偏心周日弧乘以轨道的平均距离，我们便得到了如下行程：

	周日运动	平均距离	周日行程
土星在远日点	1′53″	9 510	1 075
在近日点	2′7″		1 208
木星在远日点	4′44″	5 200	1 477
在近日点	5′15″		1 638
火星在远日点	28′44″	1 524	2 627
在近日点	34′34″		3 161
地球在远日点	58′60″	1 000	3 486
在近日点	60′13″		3 613
金星在远日点	95′29″	724	4 149
在近日点	96′50″		4 207
水星在远日点	210′0″	388	4 680
在近日点	307′3″		7 148

　　由此我们可以看到，土星的行程仅为水星行程的七分之一。亚里士多德会认为这个结论是符合理性的，因为他在其《论天》（On the Heaven 或 De Caelo）一书的第二卷中曾说[2]，距太阳较近的行星总是要比距太阳较远的行星走更大的距离，而这在古代天文学中是不能成立的。

　　的确，如果我们认真思索一下，就不难理解，最智慧的造物主不大可能会为行星的行程特别建立和谐。因为如果行程的比例是和谐的，那么行星的所有其他方面就会与行星的旅程发生联系并受到限制，从而就没有其他可供建立和谐的

1　这条规则是要找到一种对所有行星均适用的对真周日行程的公共量度，即真周日弧乘以行星与太阳之间的距离所得到的积。
2　Aristotle, De Caelo（论天），291 a 29 — 291 b 10.

余地了。但是谁将从行程之间的和谐获益呢？或者说，谁将觉察到这些和谐呢？在大自然中，只有两种东西可以向我们显示出和谐，即光或声：光通过眼睛或与眼睛类似的隐秘感官接受，声则通过耳朵接受。心灵把握住这些流溢出来的东西，或者通过本能（关于这一点，我在第四卷中已经讲得很多了），或者通过天文学的或和谐的推理来把和谐与不和谐区分开。事实上，天空中静寂无声，星辰的运动也不致同以太产生摩擦而发出噪声。光也是如此。如果光要传达给我们某些关于行星行程的信息，它就会或者传达给眼睛，或者传达给某种与眼睛类似，并处于某一特定位置的感官；为了使光能够把信息瞬间传达给我们，这种感官似乎必定就呈现在那里。如此一来，为了使所有行星的运动都能同时呈现给感官，整个世界都将有感官存在。通过观察，通过在几何与算术中长时间地四处游荡，再通过轨道的比例以及其他必须首先了解的东西，最后得到实际的行程，这种路径对于任何天性来说似乎都太长了，为了改变这种状况，引入和谐似乎是合理的。

　　因此，综合以上所有这些看法，我可以恰当地得出结论说，行星穿过以太的真实行程应当不予考虑，我们应当把目光转向视周日弧，它们在宇宙中的一个确定的显著位置——太阳这个所有行星的运动之源——可以很清楚地显示出来。我们必须看到，不是某一行星距离太阳有多远，也不是它在一天之中走过多少路程（因为这属于推理和天文学，而不属于天性），而是每颗行星的周日运动对太阳所张角度的大小，或者说它在一个围绕太阳的轨道（比如说椭圆）上看起来走过了多大的弧，才能使这些经由光传到太阳的现象，能够与光一起直接流向分有这种天性的生命体，正如我们在第四卷中所说，天上的图式经由光线流入胎儿。[1]

　　因此，如果把导致行星出现留和逆行现象的轨道周年视差从行星的自行中消去，那么第谷的天文学告诉我们，行星在其轨道上的周日运动（在太阳上的观察者看来）如下表所示。

两行星间的和谐比例 发散的　　　收敛的		视周日运动		单颗行星的固有 和谐比例
$\frac{a}{d}=\frac{1}{3}$,	$\frac{b}{c}=\frac{1}{2}$	土星在远日点 在近日点	1′46″a. 2′15″b.	1′48″ : 2′15″=4 : 5, 大三度
$\frac{c}{f}=\frac{1}{8}$,	$\frac{d}{e}=\frac{5}{24}$	木星在远日点 在近日点	4′30″c. 5′30″d.	4′35″ : 5′30″=5 : 6, 小三度
$\frac{e}{h}=\frac{5}{12}$,	$\frac{f}{g}=\frac{2}{3}$	火星在远日点 在近日点	26′14″e. 38′1″f.	25′21″ : 38′1″=2 : 3, 五度
$\frac{g}{k}=\frac{3}{5}$,	$\frac{h}{i}=\frac{5}{8}$	球在远日点 在近日点	57′3″g. 61′18″h.	57′28″ : 61′18″=15 : 16, 半音
$\frac{i}{m}=\frac{1}{4}$	$\frac{k}{l}=\frac{3}{5}$	金星在远日点 在近日点	94′50″i. 97′37″k.	94′50″ : 98′47″=24 : 25, 第西斯
		水星在远日点 在近日点	164′0″l. 384′0″m.	164′0″ : 394′0″=5 : 12, 八度加小三度

　　需要注意的是，水星的大偏心率使得运动之比显著偏离

1　这里开普勒似乎是主张，生命体接受天体的和谐是天性使然。在理解天体和谐的各种可能性中，从太阳上看到的视运动是最适合本能体认的。

了距离平方之比。[1]如果令平均距离 100 与远日距 121 之比的平方等于远日运动与平均运动 245′32″ 之比，我们便可以得到远日运动为 167；如果令平均距离 100 与近日距 79 之比的平方等于近日运动与同一平均运动之比，就得到近日运动为 393。两个结果都比我预想的要大，这是因为平近点角处的平均运动因斜着观测而不会显出 245′32″ 那么大，而是会比它小 5′。因此，我们发现远日运动和近日运动也较小。不过根据我在前一章第七条中讲到的欧几里得《光学》的定理 8，远日运动（看起来）偏小的程度较小，近日运动偏小的程度较大。

　　因此，根据前面给出的偏心周日弧的比例，我完全可以在头脑中设想，单颗行星的这些视极运动之间存在着和谐，可以构成协和音程，因为我发现，和谐比例的平方根在任何地方都起着支配作用，而我知道视运动之比等于偏心运动之比的平方。但事实上，仅凭实际观测，而不用借助推理就可以证明我的结论。正如你在上表中所看到的，行星的视运动之比非常接近和谐比例：土星和木星的比例分别略大于大三度和小三度，前者超出了 53∶54，后者超出了 54∶55 或更小，也就是说约为一个半音差；地球的比例略大于一个半音（超出了 137∶138，或者说几乎半个音差）；火星小于一个五度

1　开普勒已经证明了，对于小偏心率，从太阳上看到的视角速度与行星和太阳之间的距离的平方成反比。参见第三章第六条。

（小于29∶30，接近34∶35或35∶36）；水星的比例比一个八度大了小三度，而不是一个全音，即大约比全音小38∶39（约为两个音差，即34∶35或35∶36）。只有金星的比例小于任何协和音程，其自身仅为一个第西斯；因为它的比例介于两个音差和三个音差之间，超出了一个第西斯的三分之二，大约为34∶35或35∶36，或者说等于一个第西斯减去一个音差。

对月球也可做这样的考虑。[1]我们发现它在方照时的每时远地运动（最慢的运动）是26′26″，而在朔望时的每时近地运动（最快的运动）是35′12″。这样就刚好构成了纯四度，因为26′26″的三分之一是8′49″，它的四倍等于35′16″。需要注意的是，除此以外，我们在视运动中再没有发现纯四度这个协和音程了。还应注意，四度协和音程与月相中的方照之间存在着类似之处。因此，前面所说的那些可以在单颗行星的运动中找到。

然而对于两行星极运动之间的相互比较，无论你所比较的是发散极运动还是收敛极运动，只要我们看一看天体的和谐，便可豁然开朗。因为土星与木星的收敛运动比例恰好是两倍或一个八度，发散运动之比略大于三倍或八度加五度。由于5′30″的三分之一是1′50″，而土星是1′46″，所以行星

1　月球视运动的比例被取作地球上的观测值。

的运动与协和音程之间大约相差一个第西斯，即 26 : 27 或
27 : 28。如果土星在远日点处的运动再小一秒，这个差就将
等于 34 : 35，即金星的极运动之比。木星和火星的发散运动
与收敛运动分别构成三个八度和两个八度加三度，不过并非
精确，因为 38′1″ 的八分之一是 4′45″，木星是 4′30″，这两
个值之间仍然有 18 : 19（半音 15 : 16 与第西斯 24 : 25 的
平均值）的差距，也就是说接近于一个纯小半音 128 : 135。[1]
同样，26′14″ 的五分之一是 5′15″，木星是 5′30″，因此这里
比五倍比例少了 21 : 22，而比另一个比例多了约一个第西斯
24 : 25。

　　构成两个八度加小三度而非大三度的和谐比例 5 : 24 与此
相当接近，因为 5′30″ 的五分之一是 1′6″，它的二十四倍等于
26′24″，它与 26′14″ 相差不到半个音差。火星与地球被分配
了最小的比例，它恰好等于一倍半或纯五度，这是因为 57′3″
的三分之一是 19′1″，它的两倍等于 38′2″，这正是火星的值
38′11″。它们还被分配了较大的比例 5 : 12，即八度加小三
度，但更不精确，这是因为 61′18″ 的十二分之一是 $5′6\frac{1}{2}″$，
乘以 5 得 25′33″，而火星则是 26′14″。因此，这里小了约一
个减第西斯，即 35 : 36。地球与金星被分配的最大和谐比例
是 3 : 5，最小和谐比例是 5 : 8，即大六度和小六度，但又

1　参见前面对"距离与和谐比例的比较"的注释。——原注

是不精确的，因为 97′37″ 的五分之一乘以 3 得 58′33″，这要比地球的远日运动大 34∶35，行星比例大约超出和谐比例 35∶36。94′50″ 的八分之一是 11′51″+，它的五倍是 59′16″，大约等于地球的平均运动，因此这里行星的比例要比和谐比例小 29∶30 或 30∶31，这个值也接近于一个减第西斯 35∶36，这个最小比例就是行星比例与纯五度之间的差距。因为 94′50″ 的三分之一是 31′37″，它的两倍是 63′14″，地球的近日运动 61′18″ 比它略小 31∶32，所以行星的比例恰好等于临近和谐比例的平均值。最后，金星和水星被分配的最大比例是两个八度，最小比例是大六度，但不是精确的。这是因为 384′ 的四分之一是 96′0″，金星是 94′50″，它比四倍比例大约多出了一个音差。164′ 的五分之一是 32′48″，乘以 3 得 98′24″，而金星是 97′37″，所以行星的比例大约超出了一个音差的三分之二，即 126∶127。

　　以上就是被赋予行星的各种协和音程。主要比较（收敛极运动与发散极运动之间的比较）中的任何一个比例都非常接近于某种协和音程，所以倘若以这样的比例调弦，耳朵很难分辨出不协和部分，只有木星与火星之间是个例外。[1]

1　开普勒把"耳朵很难辨别出"的不协和部分的最大值取作一个第西斯 24∶25。只有木星与火星的发散运动之间的不协和部分大于一个第西斯，它的实际值是 128∶135，即一个第西斯与一个半音的平均值。尽管这些不协和部分已经相当小了，但它们还没有小到开普勒所希望的程度。因为一个大到第西斯程度的不协和部分在音乐演奏中是不被允许的，其可以接受的最大不协和部分为一个音差 80∶81，小于第西斯的三分之一。

接下来，如果我们比较同一侧的运动 [1]，结果也不应偏离和谐比例太远。如果把土星的 4∶5 comp. 53∶54 与居间比例 1∶2 复合，得到的结果 2∶5 comp. 53∶54 即为土星与木星的远日运动之比。[2] 把 1∶2 与木星的 5∶6 comp. 54∶55 复合，得到的结果 5∶12 comp. 54∶55 即为土星与木星的近日运动之比。类似地，把木星的 5∶6 comp. 54∶55 与居间比例 5∶24 comp. 158∶157 复合，我们便得到远日运动之比 1∶6 comp. 36∶35。[3] 把同样的 5∶24 comp. 158∶157 与火星的 2∶3 comp. 30∶29 复合，得到的结果 5∶36 comp. 25∶24 即 125∶864 或近似的 1∶7 即为（木星与火星的）近日运动之比：目前仍然只有这个比例是不和谐的。[4] 再把第三个居间比例 2∶3 [5] 与火星的 2∶3 comp. 30∶29 复合，得到的结果 4∶9 comp. 30∶29 或 40∶87，即为（火星与地球的）远日

1　比较两颗行星的近日运动或远日运动。

2　comp. 代表比例或音程之间的"复合"，即两者相乘。开普勒在前面已经说明，土星的远日运动与近日运动之间的比例比大三度 4∶5 超出了 53∶54 或一个半音差。而土星的近日运动与木星的远日运动之间几乎恰好相差一个八度 1∶2，所以把前者与 1∶2 复合，就得到了土星与木星的远日运动之比。于是，这两个远日运动之间就比八度加大三度超出了大约一个半音差，它很好地落在了开普勒所能接受的一个第西斯的极限之内。后面的计算也是类似的。

3　木星与火星的远日运动之比。这个值相当于比两个八度加一个五度小两个音差的音程。

4　木星的近日运动与火星的远日运动之比是 5∶24 comp. 158∶157，火星的远日运动与近日运动之比是 2∶3 comp. 30∶29，把这两个值复合起来，便得到木星与火星的近日运动之比，即开普勒所说的不协和音程 1∶7。

5　火星的近日运动与地球的远日运动之比。

运动之比，它是另一个不和谐比例。如果不与火星复合，而与地球的 15∶16 comp. 137∶138 复合，那么就得到（火星与地球的）近日运动之比 5∶8 comp. 137∶138。[1] 如果把第四个居间比例 5∶8 comp. 31∶30 或 2∶3 comp. 31∶32 与地球的 15∶16 comp. 137∶138 复合，得到的结果即为地球与金星的远日运动之比，它的值接近 3∶5，这是因为 94′50″ 的五分之一是 18′58″，它的三倍是 56′54″，而地球是 57′3″。[2] 如果把金星的 34∶35[3] 与同一比例进行复合，便得到（地球与金星的）近日运动之比为 5∶8，这是因为 97′37″ 的八分之一是 12′12″+，乘以 5 是 61′1″，而地球是 61′18″。最后，如果把最后一个居间比例 3∶5 comp. 126∶127 与金星的 34∶35 复合，得到的结果 3∶5 comp. 24∶25 即为（金星与水星的）远日运动之比，它所对应的音程是不协和的。如果把它同水星的 5∶12 comp. 38∶39 进行复合，便得到（金星与水星的）近日运动之比为两个八度或 1∶4 减去大约一个第西斯。

　　因此，我们可以发现以下协和音程：土星与木星的收敛极运动之间构成一个八度；木星与火星的收敛极运动之间约为两个八度加小三度；火星与地球的收敛极运动之间是一个五度，其近日运动之间是小六度；金星与水星的收敛极运动

1　于是火星与地球的近日运动之比对应着一个协和音程，不协和部分只有半个音差。

2　这里的不协和部分约为一个音差的四分之一。

3　开普勒已经说明金星的远日运动与近日运动之比对应着一个第西斯减一个音差，即音程 34∶35。

之间是大六度，发散极运动或者说近日运动之间是两个八度。因此，余下的那点微小出入似乎可以忽略不计（特别是对于金星和水星的运动），而不会损害主要是基于第谷·布拉赫的观测建立起来的天文学。

然而应当注意的是，木星与火星之间并不存在主要和谐比例，但我只是在那里才发现，正立体形的安放是近乎完美的，因为木星的近日距离约为火星远日距离的三倍，所以这两颗行星力图在距离上获得在其运动上没有达到的完美和谐。

还应注意的是，土星与木星之间的较大行星比例超出三倍这一和谐比例的量，大约等于金星的固有比例；火星与地球的收敛和发散运动之间的较大比例也大约少了同样的量。第三点要注意的是，对于上行星来说，和谐比例建立在收敛运动之间，而对于下行星来说，则是建立在同一方向的运动之间。[1] 第四点要注意的是，土星与地球的远日运动之间大约为五个八度，这是因为 57′3″ 的三十分之一是 1′47″，而土星的远日运动是 1′46″。

此外，单颗行星建立的和谐比例与两颗行星之间建立的和谐比例有很大的不同，前者不能在同一时刻存在，而后者却可以；因为当同一颗位于远日点时，它就不可能同时位于近日点，但如果是两颗行星，就可以其中一颗在远日点，同时另一

1　两颗行星的远日运动或近日运动之间。

颗在近日点。[1] 这种由单颗行星所构成的和谐比例与两颗行星所构成的和谐比例之间的差别，类似于被我们称为合唱音乐的素歌或单音音乐[2]（古人唯一知晓的音乐种类）与复调音乐——人们晚近发明的所谓"华丽音乐[3]"——之间的差别一样。在接下来的第五章和第六章中，我将把单颗行星与古人的合唱音乐相比较，它的性质将在行星运动中得以展示。而在后面的章节中，我将说明两颗行星与现代的华丽音乐之间也是相符的。

1　由单颗行星所构成的协和音只能像单线旋律那样连续听到，而两颗行星所构成的协和音却可以同时听到，就像在开普勒认为是晚近发明的复调音乐中一样。

2　古希腊的合唱音乐是单线的，所有人都演唱同一种旋律。——埃略特·卡特

3　在素歌中，音符的所有时值都大体相等，而在"华丽音乐"中，音符有不同长度的时值，这使作曲家既可以规定不同对位部分组合在一起的方式，又可以制造丰富的表现效果。事实上自这时起，所有旋律都是"华丽音乐"的风格。——埃略特·卡特

[1]　总注：在开普勒的这部著作中，我把 concinna 和 inconcinna 分别译为"和谐的"和"不和谐的"。Concinna 通常被用来指位于音阶的"自然系统"或纯律之内的所有比例，而 inconcinna 则被用来指这个调音系统之外的所有那些比例。"协和的"（consonans）和"不协和的"（dissonans）是指此音乐系统之内的音程（协和音）的性质。"和声"（harmonia）有时是在"和谐"（concordance）的意义上使用，有时则在"协和音程"（consonance）的意义上使用。

Genus durum 和 genus molle 或译为"大调"和"小调"，或译为"大音阶"和"小音阶"，或译为"大（音程）"和"小（音程）"。Modus 用来指教会调式的用法，仅在第六章中出现。

由于我们目前所使用的音乐术语对于 16 世纪和 17 世纪并非严格适用，所以这里有必要对术语做一些解释。这里的材料选自开普勒《世界的和谐》第三卷。

小音阶中的一个八度系统（Systema octavae in cantu molli）：

	g	f	e	d	c	b	A	G
弦长比	72 :	81 :	90 :	96 :	108 :	120 :	128 :	144

在大音阶中（In cantu duro）

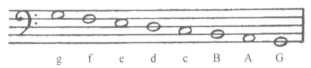

	g	f	e	d	c	B	A	G
弦长比	360 :	405 :	432 :	480 :	540 :	576 :	640 :	720

由于在所有音乐中，这些音阶可以在一个或多个八度以上进行重复，所以上面这些比例都可以减半，即

	g'	f'	e'	d'	c'	b	a	g	f
弦长比	180 :	2021/2 :	216 :	240 :	270 :	288 :	320 :	360 :	405 ctc

开普勒所考虑的各种音程为：

80 : 81　（季季莫斯）音差（comma [of Didymus]），大小全音之差（$\frac{8}{9} \div \frac{9}{10}$）

24：25　第西斯（diesis）[e－降 e、B－降 b，或一个半音与一个小全音之差 $(\frac{15}{16} \div \frac{9}{10})$]

128：135　小半音（lemma）[一个半音与一个大全音之差 $(\frac{15}{16} \div \frac{8}{9})$]

243：256 · 柏拉图小半音（Plato's lemma）（在这个系统中没有出现，但在毕达哥拉斯调音系统中出现了）

15：16　半音（semitone）　小调：降 e－d，降 b－A；大调：e－d，B－A

9：10　小全音（minor whole tone）　小调：f－降 e，c－降 b；大调：e－b，B－A

8：9　大全音（major whole tone）　小调:.g－f，d－c，A－G；大调：g－f，d－c，A－G

27：32　亚小三度（sub-minor tone）　大小调：f－d，c－A

5：6　小三度（minor third）　小调：e－降 c，降 b－G；大调：g－e，d－B

4：5　大三度（major third）　小调：g－e－降，d－b－降；大调：e－c，B－G

64：81　二全音（ditone）（毕达哥拉斯三度）（大小调：a－f）

243：320　小不完全四度（lesser imperfect fourth）（"大不完全五度"的转位）见下

3：4　纯四度（perfect fourth）　小调：g－d，f－c，降 e－降 b，d－A，c－G；大调：g－d，f－c，e－B，d－A，c－G

20：27　大不完全四度（greater imperfect fourth）　小调：降 b'－f；大调：a－e

32：45　增四度（augmented fourth）　小调：a－降 e；大调：b－f

45：64　减五度（diminished fifth）　小调：e－降 A；大调：f－B

27：40　小不完全五度（lesser imperfect fifth）　小调：f－降 b；大调：e－A

2：3　纯五度（perfect fifth）　小调：g－c，d－G；大调：g－c，d－G

160：243　大不完全五度（greater imperfect fifth）（由二全音和小三度复合而成 $\frac{64}{81} \times \frac{5}{6}$)

81：128　不完全小六度（imperfect minor sixth）（大小调：f－A）

5：8　小六度（minor sixth）　小调：降 e－G；大调：g－B，c'－e

3：5　大六度（major sixth）　小调：g－降 B，c'－降 e；大调：e－G，b－d

64：27　大大六度（greater major sixth）　小调：d'－f，a－c；大调：d'－f，a－c

1：2　八度（octave）（g－G，a－A，b－B，降 b－降 B）

所有这些音程都是单音程。当把一个或几个八度加在单音程上时，合成的音程就是一个"复"音程。

1：3 等于 $\frac{1}{2} \times \frac{2}{3}$——一个八度和一个纯五度

3：32 等于 $(\frac{1}{2})^3 \times \frac{3}{4}$——三个八度和一个纯四度

1：20 等于 $(\frac{1}{2})^4 \times \frac{16}{20}$——四个八度和一个大三度

协和音程：大小三度和六度、纯四度、纯五度、纯八度。

"掺杂"协和音程：下小三度、二全音、小不完全四度和五度、大不完全四度和五度、不完全小六度、大大六度。不协和音程：所有其他音程。

在整部著作中，开普勒沿袭他那个时代的理论家的用法而使用弦长比，而不是像我们今天通常所做的那样使用振动比。当然，弦长比是振动比的倒数，也就是说，弦长比 4：5 用振动比来表示就是 5：4。这解释了为什么音阶是降序，而数值却是增序。很有意思的是，开普勒的大小音阶彼此互为逆行，因此当用振动比来表示时，它们的顺序与用弦长比来表示时正好相反：

依照振动比得出的谱子

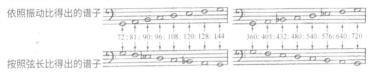

按照弦长比得出的谱子

这里选了任意音高 G 来定出这些比值。这个 g 或"gamma"通常是 16 世纪整个音阶的最低音。——埃略特·卡特

[埃略特·卡特（Elliott Carter, Jr.），1908—2012，美国作曲家，拓展了十二音作曲方法。——译注]

第五章

**系统的音高或音阶的音、
歌曲的种类、大调和小调均已在
（相对于太阳上的观测者的）行星
的视运动的比例中表现了出来**[1]

1　参见前面对"距离与和谐比例的比较"的注释。——原注

截至目前，我已经分别由得自天文学与和声学中的数值证明，在围绕太阳旋转的六颗行星的十二个端点或运动之间构成了和谐比例，或者仅与这些比例相差最小协和音程的极小一部分。然而，正如在第三卷中，我们先是在第一章建立起单个的协和音程，然后才在第二章把所有协和音程——尽可能多地——合为一个共同的系统或音阶，或者说，是通过把包含了其余协和音程在内的一个八度分成了许多音级或音高，从而得到了一个音阶；所以现在，在发现了上帝亲自在世界中赋予的和谐比例以后，我们接下来就要看看这些单个的和谐比例是分立存在的，以至于它们每一个都与其余的比例没有亲缘关系，还是彼此之间是相互一致的。然而，我们不用进一步探究就可以很容易地下结论说，那些和谐比例是以最高的技巧配合在一起的，以至于它们就好像在同一个框架内相互支持，而不会有一个与其他的相冲撞；因为我们的确看到，在这样一种对各项进行多重比较的时候，没有一处是不出现和谐比例的。因为如果所有协和音程不能很好地搭配成一个音阶，那么若干个不协和音程是很容易产生的（只要可能，它们就会出现）。例如，如果有人在第一项和第二项之间建立了一个大六度，并且以独立于前者的方式在第二项和第三项之间建立了一个大三度，那么他就要承认，在第一和第三项之间存在着一个不协和音程 12：25。

　　现在，让我们看看我们在前面通过推理而得到的结果是否真的是实际存在的事实。不过我先要提出一些告诫，以免我们在前进过程中遇到过多阻力。首先，我们目前应当忽视那些小于一个半音的盈余或亏缺，因为我们以后将会看到什么是它们的原因；其次，通过连续对运动进行加倍或减半，我们将把所有音程都限制在一个八度的范围内，因为所有八度内的协和音程都是一样的。

　　表示八度系统的所有音高或音的数值都列在第三卷第八章的一个表中[1]，这些数值应被理解为许多对弦的长度。因

1　此表如下：

协和音程	弦长	现在的记谱
半音	1 080	高音　g
小半音	1 152	f♯
半音	1 215	f
第西斯	1 296	e
半音	1 350	e♭
半音	1 440	d
小半音	1 536	c♯
半音	1 620	c
第西斯	1 728	b
半音	1 800	b♭
半音	1 920	A　G♯
小半音	2 048	低音　G
	2 160	

——原注

此，运动的速度将与弦长成反比。[1]

现在，通过连续减半而对行星的运动进行相互比较，我们得到：

水星在近日点的运动，第 7 次减半，或 $\frac{1}{128}$，3′0″

　　在远日点的运动，第 6 次减半，或 $\frac{1}{64}$，2′34″–[2]

金星在近日点的运动，第 5 次减半，或 $\frac{1}{32}$，3′3″+[3]

　　在远日点的运动，第 5 次减半，或 $\frac{1}{32}$，2′58″–

地球在近日点的运动，第 5 次减半，或 $\frac{1}{32}$，1′55″–

　　在远日点的运动，第 5 次减半，或 $\frac{1}{32}$，1′47″–

火星在近日点的运动，第 4 次减半，或 $\frac{1}{16}$，2′23″–

　　在远日点的运动，第 3 次减半，或 $\frac{1}{8}$，3′17″–

木星在近日点的运动，减半，　　或 $\frac{1}{2}$，2′45″

　　在远日点的运动，减半，　　或 $\frac{1}{2}$，2′15″

土星在近日点的运动，　　　　　　　2′15″

　　在远日点的运动，　　　　　　　1′46″

设运动最慢的土星的远日运动，即最慢的运动代表着系统中的最低音 G，它的值是 1′46″。于是地球的远日运动也代表着高出五个八度的同样的音高，因为它的值是 1′47″；谁会

1　运动之比之所以与弦长成反比，是因为较快的运动对应着较高的音调，于是也就对应着较短的弦。
2　减号表示实际数值达不到这个数。
3　加号表示实际数值超过了这个数。

愿意去为土星远日运动中的一秒而争论不休呢？不过，还是让我们考虑一下：这个差距将不会大于 106∶107，它小于一个音差。如果你加上 1′47″ 的四分之一即 27″，那么得到的和将是 2′14″，而土星的近日运动是 2′15″[1]；木星的远日运动也是类似的，只不过要高出一个八度。因此，这两个运动代表着 b 音或稍高一点。把 1′47″ 的三分之一即 36″-加到整个数值上，得到的和 2′23″-代表 c 音；这就是具有同样数值的火星的近日运动所代表的音高，只不过要高出四个八度。[2] 把 1′47″ 加上它的一半即 54″-，得到的和 2′41″-将代表 d 音；这就是木星的近日运动，只不过要高出一个八度，因为它的数值 2′45″ 与此相当接近。如果加上它的三分之二即 1′11″+，那么得到的和将是 2′58″+。而金星的远日运动是 2′58″-，因此它代表 e 音，不过要高出五个八度；水星的近日运动 3′0″ 超过它不多，不过高出了七个八度。最后，把 1′47″ 的两倍即 3′34″ 分成九份，把其中的一份 24″ 从中减去，得到的差 3′10″+ 代表 f 音[3]，而火星的远日运动 3′17″ 与此接近，只不

---

1 加上四分之一等价于加上大三度 4∶5 的比例，所以如果较低的音取作 G，那么较高的音将是 h。土星的近日运动和木星的远日运动代表着一个比 h 音高 134∶135 的比例，它小于一个音差。

2 加上三分之一等价于加上四度 3∶4 的比例，由于较低的音取作 G，所以较高的音就是 c。

3 f 音比 e 音高出了半音，而 e 音与 G 音之间又相差大六度。于是，从 G 到 f 的音程就由 3∶5 和 15∶16 的乘积即 9∶16 表示。通过减法运算，开普勒得到了 3′34″ 的 $\frac{8}{9}$ 倍，这个值等于 1′47″ 的 $\frac{16}{9}$ 倍。因此，1′47″ 与 3′10″ 的比例是 9∶16。所以如果较慢的运动对应着 G 音，那么较快的运动就对应着 f 音。

过高出了三个八度；不过实际数值要略大于正确的值，而接近于升 f。[1] 因为如果从 3'34″ 中减去它的十六分之一 $13\frac{1}{2}$″，那么剩下的 $3'20\frac{1}{2}$″ 与 3'17″ 相当接近。的确，正如我们在音乐中屡见不鲜的，f 音经常用升 f 音来代替。

因此，大音阶（cantus duri）中的所有音（除了 A 音，它在第三卷的第二章中也没有被和谐分割表示）都被行星的所有极运动表示出来了，除了金星和地球的近日运动以及接近升 c 音的水星的远日运动 2'34″。因为从 d 音 2'41″ 中减去它的十六分之一 10″+，得到的差就是升 c 音 2'30″。于是就像你在表中所看到的那样，只有金星和地球的远日运动不在这个音阶之内。

土星在远日点的运动

空缺

土星在近日点的运动

木星在远日点的运动

火星在近日点的运动

水星在远日点的运动（近似）

木星在近日点的运动（近似）

水星在近日点的运动（近似）

金星在远日点的运动（近似）

火星在远日点的运动

地球在远日点的运动

另一方面，如果把土星的远日运动 2'15″ 作为这个音阶

1　火星的远日运动代表着一个高于 f 音约三个音差的音，而仅小于升 f 一个音差。

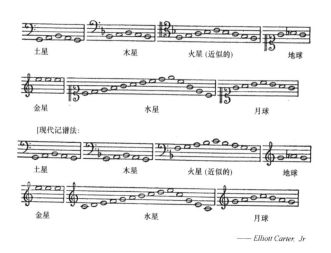

—— Elliott Carter, Jr

的开始，即代表 G 音，那么 A 音是 2′32″−，它非常接近于水星的远日运动；根据八度的等价性，b 音 2′42″ 非常接近于木星的近日运动；c 音是 3′0″，非常接近于水星和金星的近日运动；d 音是 3′23″−，火星的远日运动 3′17″ 并不比它低很多，所以这个数值少于它的音的量大约与前一次同一个值多于它的音的量相同。降 e 音 3′36″ 大约是地球的远日运动；e 音是 3′50″，而地球的近日运动是 3′49″；木星的远日运动则又一次占据了 g 音。这样，正如你在图中所见，除 f 音以外，小音阶的一个八度之内的所有音符都被行星的大多数远日运动和近日运动，特别是被以前漏掉的那些运动表示出来了。

现在，前一次升 f 音表示出来了，A 音却漏掉了；后一次 A 音被表示出来了，升 f 音却被漏掉了，因为第二章中的和谐分割也漏掉了 f 音。

木星在远日点的运动

空缺

地球在近日点的运动（近似）

地球在远日点的运动（近似）

火星在远日点的运动（近似）

金星在近日点的运动

水星在近日点的运动

木星在近日点的运动

水星在远日点的运动

土星在近日点的运动

因此，一个具有所有音高的八度系统或音阶（在音乐中，自然歌曲 [1] 就是这样转调的）就在天上通过两种方式表示出来了，就好像歌曲的两种类型一样。唯一的区别是：在我们的和谐分割中，实际上两种方式都是从同一个端点 G 音开始的；但是对于行星的运动，以前的 b 音现在在小调中变成了 G 音。

天体运动的情况如下：

和谐分割的情况如下：

正如音乐中的比例是 2 160：1 800 或 6：5，对应着天空系

---

1 自然歌曲：无临时记号的基本的大调或小调系统的音乐。——埃略特·卡特

统的比例是 1 728：1 440，它也是 6：5；其他情况也是这样¹：

　　2 160：1 800：1 620：1 440：1 350：1 080 对应着

　　1 728：1 440：1 296：1 152：1 080：864

　　你现在将不会再怀疑，音乐系统或音阶中的声音或音级的极为漂亮的秩序已经被人建立起来了，因为你看到，他们这里所做的一切事情只不过是在模仿我们的造物主，就好像是表演了一场排列天体运动等级的特殊的戏剧。

　　实际上，这里还有另一种方法可以使我们理解天上的两种音阶，其中系统还是同一个，却包含了两种调音（tensio），一种是根据金星的远日运动来调音的，另一种是根据金星的近日运动来调音的。因为这颗行星运动变化的量是最小的，它可以被包含在最小的协和音程第西斯之内。事实上，前面的远日调音已经给土星、地球、金星和（近似的）木星的远日运动定出了 G 音、e 音和 b 音，给火星、（近似的）土星以及水星的近日运动定出了 c 音、e 音和 b 音。² 而另一方面，近日调音除了给木星、金星和（近似的）土星的近日运动，以及在某种程度上给地球，还有毫无疑问的水星的近日运动

1　这个关系对于这里没有列出的两种情况也是成立的，即 2160：1920=1728：1536 和 2160：1215=1728：972。

2　对应关系如下：

G	b	c	e
土星的远日运动	木星的远日运动	火星的近日运动	金星的远日运动
地球的远日运动	土星的近日运动		水星的近日运动

定出了音高，而且还给火星、水星和（近似的）木星的远日运动也定出了音高。让我们现在假定，不是金星的远日运动，而是近日运动 3′3″ 代表 e 音。根据第四章的结尾，水星的近日运动 3′0″ 在两个八度以上与此非常接近。如果从 3′3″ 中减去这个近日运动的十分之一即 18″，那么余下的 2′45″ 就是木星的近日运动，代表 d 音；如果加上它的十五分之一即 12″，得到的和为 3′15″，大约为火星的近日运动，代表 f 音。对于 b 音，土星的近日运动和木星的远日运动大约代表同样的音高。如果把它的八分之一或 23″ 乘以 5，那么得到的 1′55″ 就是地球的近日运动。[1] 尽管在同一音阶里，这个音与前面所说的并不符合，因为它没有给出低于 e 音的 5∶8 这个音程或高于 G 音的 24∶25 这个音程。但是如果现在金星的近日运动以及水星的远日运动 [2] 代表降 e 音而不是 e 音，那么地球的近日运动将代表 G 音，水星的远日运动就和谐了，因为如果把 3′33 的三分之一即 1′1″ 乘以 5，得到 5′5″，它的一半 2′32″+ 大约就是水星的远日运动，它在这次特殊的排列中将定出 c 音。于是，所有这些运动彼此之间都位于同一调音系统内了。但是金星的近日运动 [3] 与前面三种（或五种）同处于一种调式

1　根据这里的计算，地球的远日运动代表一个比 e 音低小六度或比 G 音高一个第西斯的音。因为这些音程的和是 G 音和 e 音之间的大六度。但正如开普勒接着指出的，这样一个音并不属于他在前面所说的音阶。

2　开普勒本想说的是水星的近日运动。

3　这里应该是远日运动。

的运动[1]对音阶的划分与它的远日运动即大调式（denere duro）不同；而且，金星的近日运动与后面的两种运动[2]划分同一音阶的方式也不同，即不是分成不同的协和音程，而只是分成一种不同次序的协和音程，即属于小调（generic mollis）的次序。

但是本章已经足以说清楚情况是怎么回事了，至于这些事物为什么分别是这种样子，以及为什么不仅有和谐，而且还有很小的不和谐，我们将在第九章用最为清晰的论证加以说明。

1　这里的三种（或五种）运动指的是土星的近日运动和远日运动、地球和木星的远日运动以及火星的近日运动，它们分别代表着 G 音、b 音和 c 音。由于金星的远日运动对应着 e 音，它与 G 音之间构成一个大六度，所以所有的音都属于大音阶。

2　这里指的是地球的近日运动和水星的远日运动，分别对应着 G 音和 c 音。由于水星的近日运动对应着降 e 音，它与 G 音之间构成一个小六度，所以这种划分的所有音符都属于小音阶。

第六章

音乐的调式或调[1]
以某种方式表现于行星的极运动

1 τονοί 一词被希腊人用来指调式。中世纪的音乐理论家把它的拉丁文形式"toni"用
作"调式"的同义词,类似于现代音乐中的调(key)。

这个结论可以直接从前面所说的内容得出，这里就不用多说了；因为单颗行星通过它的近日运动以某种方式对应着系统中的某个音高，只要每颗行星都跨过了由某些音或系统的音高所组成的音阶中的某个特定的音程。在上一章中，每颗行星都开始于那个属于它的远日运动的音或音高：土星和地球是 G 音，木星是 b 音，它可以转调成较高的 G 音，火星是升 f 音，金星是 e 音，水星是高八度的 A 音。这里每颗行星的运动都是用传统的记谱法表示出来的。实际上，它们并没有形成居间的音高，就像你在这里看到的那样填满了音，因为它们从一个极点向另一个极点运动时并不是通过跳跃和间距，而是以一种连续变化的方式，实际上跨越了所有中间的音（它们的可能数目是无限的）——我只能用一系列连续变化的居间的音来表达，除此之外我想不到还能有其他什么表达方式。金星几乎保持同音，它的运动变化甚至连最小的协和音程都达不到。

但是普通系统中的两个临时记号（降号），以及通过跨越一个明确的协和音程而形成的八度框架，却是向区分调或调式（modorum）迈出了第一步。因此，音乐的调式已经被分配于行星之中。但我知道，要想形成和规定明确的调式，许多属于人声的东西都是必不可少的，也就是说要包含音程的（一种）明确的秩序；所以我用了**以某种方式**这个词。

　　和声学家可以就每颗行星所表现出来的调式任意发表意见，因为这里极运动已经被指定了。在传统的调式[1]中，我将赋予土星第七或第八调式，因为如果你把它的主音定在 G 音，那么它的近日运动就上升到了 b 音；赋予木星第一或第二调式，因为如果它的远日运动是 G 音，那么它的近日运动就达到了降 b 音；赋予火星第五或第六调式，这不仅是因为火星几乎包含了对所有调式来说都是共同的纯五度，而且主要是因为如果它和其余的音一起被还原到一个共同的系统，那么它的近日运动就达到了 c 音，远日运动达到了 f 音，而这是第五或第六调式的主音；我将赋予地球第三或第四调式，因为它的运动局限在一个半音之内，而那些调式的第一个音程就是一个半音；由于水星的音程很宽，所以所有调式或调都

1　这八种调式统称为教会调式，它们分别是：多利亚调式（Dorian）、副多利亚调式（Hypodorian）、弗利吉亚调式（Phrygian）、副弗利吉亚调式（Hypophrygian）、利第亚调式（Lydian）、副利第亚调式（Hypolydian）、混合利第亚调式（Mixolydian）、副混合利第亚调式（Hypomixolydian）。开普勒提到的第一到第八种调式的顺序便是如此。后来格拉雷安（Glareanus）又补充了四种调式：爱奥利亚调式（Aeolian）、副爱奥利亚调式（Aeolian）、伊奥尼亚调式（Ionian）和副伊奥尼亚调式（Hypoionian）。在长期而缓慢的演变过程中，教会调式逐渐简化而至消失，直到 17 世纪末才最后确定只用两种现代调式即大、小调式。参见第三卷第十四章。

属于它；由于金星的音程很窄，所以显然没有调式属于它，但是由于系统是共同的，所以第三和第四调式也属于它，因为相对于其他行星，它定出了 e 音。[地球唱 MI、FA、MI，所以你甚至可以从音节中推出，在我们这个居所中得到了 Misery（苦难）和 Famine（饥饿）。][1]

1　参见关于六声音阶系统的注释。——原注

第七章

**所有六颗行星的普遍和谐比例
可以像普通的四声部对位那样存在**

现在，乌拉尼亚[1]，当我沿着天体运动的和谐的阶梯向更高的地方攀登，而世界构造的真正原型依然隐而不现时，我需要有更宏大的声音。随我来吧，现代的音乐家们，按照你们的技艺来判断这些不为古人所知的事情。从不吝惜自己的大自然，在经过了两千年的分娩之后，最后终于向你们第一次展示出了宇宙整体的真实形像。[2]通过你们对不同声部的协调，通过你们的耳朵，造物主最心爱的女儿已经低声向人类的心智诉说了她内心最深处的秘密。

（如果我向这个时代的作曲家索要一些代替这段铭文的经文歌，我是否有罪呢？高贵的《诗篇》以及其他神圣的书籍能够为此提供一段合适的文本。可是，哎，天上和谐的声部却不会超过六个[3]。月球只是孤独地吟唱，就像在一个摇篮里偎依在地球旁。在写这本书的时候，我保证会密切地关注这六个声部。如果有任何人表达的观点比这部著作更接近于天

1　乌拉尼亚（Urania），司掌天文的缪斯女神。

2　开普勒这里指的是复调音乐的更为晚近的发明，他认为这是不为古希腊人所知的。

3　经文歌中的声部数目并没有限于六个或更少。

体的音乐，克利俄[1]定会给他戴上花冠，而乌拉尼亚也会把维纳斯许配给他做新娘。）

前已说明，两颗相临行星的极运动将会包含哪些和谐比例。但在极少数情况下，两颗运动最慢的行星会同时达到它们的极距离。例如，土星和木星的拱点大约相距81°。因此，尽管它们之间的这段二十年的跨越要量出整个黄道需要八百年的时间[2]，但是结束这八百年的跳跃并不精确到达实际的拱点；如果它有稍微的偏离，那么就还要再等八百年，以寻求比前一次更加幸运的跳跃；整条路线被一次次地重复，直到偏离的程度小于一次跳跃长度的一半为止。此外，还有另一对行星的周期也类似于它，尽管没有这么长。但与此同时，行星对的运动的其他和谐比例也产生了，不过不是在两种极运动之间，而是在其中至少有一个是居间运动的情况下；那些和谐比例就好像存在于不同的调音中。由于土星从 G 音扩展到稍微过 b 音一些，木星从 b 音扩展到稍微过 d 音一些，所以在木星与土星之间可以存在以下超过一个八度的协和音程[3]：大三度、小三度和纯四度。这两个三度中的任何一个都可以通过涵盖了另一个三度的幅度的调音而产生，而纯四度

1　克利俄（Clio），司掌历史的女神。
2　这就是说，由于土星和木星每二十年彼此相对旋转一圈，它们每二十年远离81°，而这81°的距离的终位置却跳跃式地穿越了黄道，大约八百年后才又回到同一位置。——C. G. Wallis
3　这些音程之所以是大于一个八度的，是因为木星的运动已经除以了 2，以保证它们能与土星的音程位于同一个八度内。

则是通过涵盖了大全音的幅度的调音而产生的。[1] 因为不仅从土星的 G 音到木星的 cc 音[2]，而且从土星的 A 音到木星的 dd 音，以及从土星的 G 音和 A 音之间的所有居间的音到木星的 cc 音和 dd 音之间的所有居间的音都将是一个纯四度。然而，八度和纯五度仅在拱点处出现。但固有音程更大的火星却得到了它，以使其与外行星之间也通过某种调音幅度形成了一个八度。[3] 水星得到的音程很大，足以使其在不超过三个月的一个周期里与几乎所有行星建立几乎所有的协和音程。而另一方面，地球特别是金星由于固有音程窄小，所以不仅限制了与其他行星之间形成的协和音程，而且彼此之间建立起来的协和音程寥寥无几。但是如果三颗行星要组合成一种和谐，那么就必须来回运转许多圈。然而，由于存在着许多个协和音程，所以当所有最近的行星都赶上它们的邻居时，这些音程就更容易产生了；火星、地球和水星之间的三重和谐似乎出现得相当频繁，但四颗行星的和谐则要几百年出现一回，而五颗行星之间的和谐就要几千年见一回了。

　　而所有六颗行星都处于和谐则需要等非常长的时间；我不知道它是否有可能通过精确的运转而出现两次，或者它是

1　土星的最低音 G 音与木星的最高音 d 音之间（不算八度）是一个纯五度，而纯五度是一个大三度和一个小三度的组合，也是一个纯四度和一个大全音的组合。

2　cc 即 c^2。下同。

3　事实上，土星的 G 音和 A 音与火星的 g^3 音和 a^3 音之间构成了四个八度，木星的 c^1 音与火星的 c^4 音之间构成了三个八度。

否指向了时间的某个起点，我们这个世界的每一个时代都是从那里传下来的。

　　但只要六重和谐可以出现，哪怕只出现一次，那么它无疑就可以被看作创世纪的征象。因此我们必须追问，所有六颗行星的运动都组合成一种共同的和谐的样式到底有多少种？探索的方法是：从地球和金星开始，因为这两颗行星形成的协和音程不超过两种，而且这两种音程（它包含了造成这种现象的原因）是通过运动的短暂的一致取得的。

　　因此，让我们建立起两种和谐的框架，每种框架都是由若干对极运动的数值限定的（通过这些数值，调音的界限就被指定了）。让我们从每颗行星被准许的各种运动中寻找哪些是与之相符的。

所有行星的和谐，或大调的普遍和谐

为使 b 音处于协和音程	在最低的调音	在最高的调音	[现代记谱法
水星　c⁷ b⁶ g⁶	380'20"　285'15"　228'12"	292'48"　234'16"	5×8va---
金星　e⁶ e⁵	190'10"　95'5"	195'14"　97'37"	4×8va---
地球　g⁴ b⁸	57'3"　35'39"	58'34"　36'36"	2×8va---
火星　g×	28'32"	29'17"	8va---
木星　b		4'34"	
土星　B G	2'14"　1'47"	1'49"	

——Elliott Carter，Jr.]

为使 c 音处于协和音程	在最低的调音	在最高的调音	[现代记谱法
水星 e⁷ c⁷ g⁶	380′20″ 204′16″ 228′12″	312′21″ 234′16″	5×8va
金星 e⁶ e⁵	190′10″ 95′5″	195′14″ 97′37″	4×8va
地球 g⁴ c⁴	57′3″ 38′2″	58′34″ 39′3″	地球 g⁴ b⁸
火星 g⁸	28′32″	29′17″	8va
木星 c¹	4′45″	4′53″	
土星 G	1′47″	1′49″	

——*Elliott Carter，Jr.*]

　　土星用其远日运动参与了这个普遍和谐，地球用的是远日运动，金星用的是大致的远日运动；在最高的调音中，金星用的是近日运动；在中间的调音中，土星用的是近日运动，木星用的是远日运动，水星用的是近日运动。所以土星可以用两个运动参与，火星用两个运动参与，水星用四个运动参与。尽管其余的都是一样的，但土星的近日运动和木星的远日运动却没有被允许。替代它们的是火星的近日运动。

　　其余的行星都是用一个运动参与的，火星用两个，水星用四个。

　　因此，在第二种框架中，另一种可能的和谐比例 5：8

存在于地球和金星之间。这里，如果把金星在远日点的周日运动 94′50″ 的八分之一 11′51″+ 乘以 5，就得到了地球的运动 59′16″；而金星的近日运动 97′37″ 的类似部分等于地球的运动 61′1″。因此，其他行星的如下周日运动都是和谐的：

所有行星的和谐，或小调的普遍和谐

为使 b 音处于协和音程		在最低的调音	在最高的调音	[现代记谱法
水星	eb⁷ bb⁷ g⁶	379′20″ 204′32″ 237′4″	295′56″ 244′4″	
金星	eb⁶ eb⁵	189′40″ 94′50″	195′14″ 97′37″	
地球	g⁴ bb⁴	59′16″ 35′35″	61′1″ 36′37″	
火星	g³	29′38″	30′31″	
木星	bb¹		4′35″	
土星	bb G	2′13″ 3′51″	1′55″	

——*Elliott Carter , Jr.*]

和前面一样，在中间的调音中，土星用的是近日运动，木星用的是远日运动，水星用的是近日运动。但在最高的调音中，地球用的是大致的近日运动。

为使 c 音处于协和音程	在最低的调音	在最高的调音	［现代记谱法
水星	379'20"		
	316'5"	325'26"	
	237'4"	244'4"	
金星	189'40"	195'14"	
		162'43"	
	94'50"	97'37"	
地球	59'16"	61'1"	
火星	29'38"	30'31"	
木星	4'56"	5'5"	
土星	3'51"	1'55"	

— Elliott Carter, Jr.

　　这里，木星的远日运动和土星的近日运动被去除了，除了水星的近日运动，水星的远日运动也大致被接受了。其他的不变。

　　因此，天文学的经验证明，所有运动的普遍和谐都可以发生，而且是以大调和小调两种类型；每种类型都有两种音高（如果我可以这样说的话）；对于这四种情况中的任何一种，都有某种调音范围，土星、火星和水星中的每一颗与其余行星所形成的协和音程也都有一定的变化。它并不是单纯由居间的运动提供的，而是由除火星的远日运动和木星的近日运动外的所有极运动提供的；因为前者对应着升 f 音，后者对应着 d 音，而永远都对应着居间的降 e 音或 e 音的金星，则不允许那些临近的不协和音程处于普遍和谐之中，如果它有能力超过 e 音或降 e 音，它是会这样做的。这个困难是由分属雄性和雌性的地球和金星的结合所导致的。这两颗行星根据配偶双方的满意情况把各种协和音程分成了大调的、雄性的和小调的、雌性的。也就是说，或者地球处于远日点，就好像保持着他的婚姻尊严，以与男人相称的身份来行事，而把金星挤到了她的近日点做针线活；或者地球友好地让她升至远日点，或地球自己朝着金星降到近日点，就好像为了快乐而投入她的怀抱，暂时把他的盾、武器以及与男人相称的所有活计放到一边；因为在那个时候，协和音程是小调的。

但是如果我们要求这个富有对抗性的金星保持安静，也就是说，如果我们不去考虑所有行星形成的协和音程，而只考虑除金星外的其余五颗行星所可能形成的协和音程，那么地球仍然处于其 g 音附近，而不会再升高一个半音。因此，bb 音、b 音、c 音、d 音、eb 音和 e 音仍然可以与 g 音处于和谐，在这种情况下，正如你所看到的，近日运动表示 d 音的木星被接纳了。因此，火星的远日运动所面临的困难依旧。因为表示 g 音的地球的远日运动不允许火星表示升 f 音，而正如前面第五章中所说，地球的远日运动与火星的远日运动之间不再和谐，它们大约相差半个第西斯。

除金星以外的五颗行星的和谐

大调	在最低的调音	在最高的调音	[现代记谱法

这里，在最低的调音，土星和地球用远日运动参与；在中间的调音，土星用近日运动参与，木星用远日运动参与；在最高的调音，木星用近日运动参与。

小调	在最低的调音	在最高的调音	[现代记谱法

这里，木星的远日运动不再被允许，但在最高的调音，

土星用近日运动参与。

　　然而，土星、木星、火星和水星这四颗行星之间也可以
存在以下和谐，其中也将包括火星的远日运动，但它没有调
音范围。

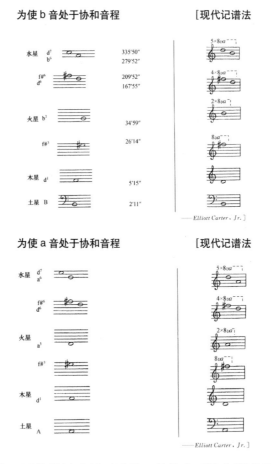

——*Elliott Carter，Jr.*]

——*Elliott Carter，Jr.*]

　　因此，天体的运动只不过是一首带有不协和调音的（理智
上的，而不是听觉上的）永恒的复调音乐，犹如某种切分或终止

式（人们据此模仿那些自然界的不协和音），趋向于固定的、被预先规定的解决（每一个结束乐句都有六项，就像六个声部一样），并通过那些音区分和表达出无限的时间。因此，人类作为造物主的模仿者，最终能够发现不为古人所知的和谐歌唱的艺术，以使其能够通过一种多声部的人造的协奏曲，用不到一个小时的短暂时间去呈现整个时间的永恒；人通过音乐这上帝的回声而享受到天赐之福的无限甜美，从这种快感中他可以在某种程度上品尝到造物主上帝在自己的造物中所享有的那种满足。[1]

1　开普勒在天体和谐与他那个时代的复调音乐之间所做的比较可以用帕莱斯特里那（Palestrina）的《受难的十字架》（*O Crux*）中的一段四声部乐曲来说明：

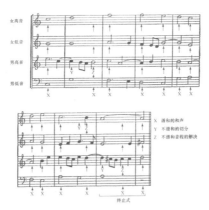

可以看到，这四个声部（开普勒所说的六个声部也是一样）中的每一个都是从一个协和的和弦沿着一条优雅的旋律线朝着另一个协和的和弦运动。有时会加入一些音阶中的几个音或过渡音，以赋予一个声部更多的旋律自由表现力。出于同样的理由，一个声部可以持续处于同一个音，而其他声部则变到一个新的和弦。当这在新的和弦中变成了一个不协和音程（被称为一个切分）时，它通常是通过再降到一个与其他声部协和的音来解决的。正如在这个例子中，每个部分或"乐句"都是以终止式来结束的。

——埃略特·卡特

第八章

在天体的和谐中，哪颗行星唱女高音，哪颗唱女低音，哪颗唱男高音，哪颗唱男低音？

尽管这些词都是用来形容人声的，而人声或声音并不存在于天上，因为运动是寂静无声的；即使是那些我们在其中发现了和谐的现象也不能用真正的运动来把握，因为我们考虑的只是从太阳上看到的视运动；最后，尽管在天上并不像人的歌唱那样要求特定数目的声部来构成和谐（首先，由正立体形形成了五个间隔，从而得到了围绕太阳旋转的六颗行星的数目，然后——依照自然的顺序而非时间的顺序——运动的和谐一致就确立了）：但我不知道为什么，这种与人的歌唱的美妙的和谐一致对我产生了如此强烈的影响，以至于即使没有可靠的自然理由，我也不得不对这种比较进行探究。因为从某种意义上说，第三卷第十六章中所讲到的那些被习俗和自然归于男低音的性质也同样为天上的土星和木星所拥有；我们还发现，火星有男高音的性质；地球和金星有女低音的性质；水星有女高音的性质，即使距离不等，至少也是成比例的。不管怎样，在下一章中，每颗行星的偏心率都是从它们的固有原因中导出来的，而通过偏心率又导出了每颗行星运动的固有音程，由此便得出了以下美妙的结论（我不

知道它是不是通过筹措和必然性的调节引起的）：（1）由于
男低音与女低音相对，所以有两颗行星具有女低音的本性，
有两颗行星具有男低音的本性，正如在任何种类的音乐中，
每一边都有一个男低音和一个女低音；（2）根据我们在第三
卷中讲到的必然原因和自然原因，由于女低音在非常窄的音
域中几乎是最高的，所以几乎处于最内层的行星，地球和金
星的运动构成了最窄的音程，地球的音程比一个半音多不了
多少，金星甚至还不到一个第西斯；（3）由于男高音是无障
碍的，但却适度地进行，所以只有火星——除了水星这个例
外——能够形成最大的音程，即一个纯五度；（4）由于男低
音可以做和谐的跳跃，所以土星和木星之间构成了协和音程，
从八度到八度加纯五度之间变化；（5）由于女高音相比其他
是最无障碍的，也是最快的，所以水星可以在最短的周期里
跨过超过一个八度的音程。但这些也许都是偶然的，现在，
让我们听一听偏心率的起因吧。

第九章

单颗行星的偏心率起源于
其运动之间的和谐比例的安排

因此我们发现，所有这六颗行星的普遍和谐比例都不可能出于偶然，特别是，除两颗行星是同时处于与普遍和谐比例最接近的和谐比例中的外，所有的极运动都是与普遍和谐比例相吻合的。而且我们在第三卷通过和谐分割所确立的八度系统的所有音高也不大可能都由行星的极运动来指定；最不可能的是，天体的和谐被精妙地分成两种——大调和小调，会是出于偶然，而没有造物主的特殊关照。因此，一切智慧的源泉、秩序的坚定支持者、几何与和谐的永恒而超验的源泉——这位天体运动的造物主，一定是把起源于正平面图形的和谐比例与五种正立体形联系了起来，并从这两类形体当中塑造了一种最为完美的天的原型。正如六颗行星运动于其上的球体是通过五种正立体形来保证的一样，单颗行星的偏心率的度量也是通过从平面图形衍生出来的和谐比例（在第三卷中由它们导出）而被确定的，从而使行星的运动得以均衡匀称。为了使这两种东西可以产生出一种和谐比例，两球之间的较大比例应当在某种程度上屈从于偏心率的较小比例，这对于和谐比例的获得是必不可少的；因此，在和谐比例当中，那些与每一个立体形有较大亲缘关系的比例应当与行星相配。于是，它可以通过和谐比例而得来；通过这种方式，轨道的比例和单颗行星的偏心率最终都是从原型中同时产生出来的，而单颗行星的周期则是源于轨道的宽度和行星的体积。

当我力图通过几何学家所惯用的基本形式而使这种论证过程能够为人类的理智所把握的时候，愿天的创始者、理智之父、人的感觉的馈赠者、至圣而不朽的造物主能够阻止我心灵的黑暗带给这部著作任何配不上他的伟大的东西，愿他能使我们这些上帝的模仿者可以在生活的圣洁上来模仿他的作品的完美。为此，他在地球上选择了他的教堂，通过他儿子的血为它赎了罪，并在圣灵的帮助下，让我们远离一切不和谐的敌意、所有的纷争、敌对、愤怒、争吵、纠纷、宗派、忌妒、挑衅、令人恼火的玩笑以及人性的其他表现。所有那些拥有基督的精神的人不仅会同意我对这些事情的希望，而且会用行动去表达它们，担负起他们的使命，弃绝一切虚伪的举动，再也不用一种表面的热情、对真理的热爱、博学多才、在老师面前表现出来的谦虚或任何其他虚伪的外衣来包装它了。神圣的父啊！让我们永远彼此相爱，以使我们能够合为一体，就像您与您的儿子——我们的主、圣灵合而为一一样，就像您已使您的一切作品通过最为美妙的和谐的纽带合而为一一样。通过使您的臣民和谐一致，您的教堂就可以在地球上耸立起来，就像您从和谐之中构建了天本身一样。

先验的理由

1. 公理。下面这种说法是合理的：无论在什么地方，只要有可能，单颗或两颗行星的极运动之间必定已经建立起了一切种类的和谐，以使那种变化可以为世界增辉。

2. 公理。六个球之间的五个间距必定在一定程度上对应着五种正立体的内切球和外接球之比，顺序与立体形本身的自然次序相同。

关于这一点，参见第一章、《宇宙的奥秘》和《哥白尼天文学概要》第四卷。

3. 命题。地球与火星之间的距离，以及地球与金星之间的距离同它们的球相比必定是最小的，并且大致是相等的；土星和木星之间的距离，以及金星与水星之间的距离居中，并且同样大致相等；而木星与火星之间的距离则是最大的。

由公理 2，在位置上对应于几何球体比例最小的立体形的行星得出的比例也应该最小；对应于居间比例的立体形的行星得出的比例也应该居间；而对应于最大比例的立体形的行星得出的比例也应该最大。十二面体和二十面体之间的次序与火星与地球、地球与金星之间的次序是相同的；立方体和八面体之间的次序与土星和木星、金星和水星之间的次序是相同的；最后，四面体的次序与木星和火星之间的次序是相同的（参见第三章）。因此，最小的比例将会在地球与火星、地球与金星之间存在，而土星和木星之间的比例大致等于金星和水星之间的比例；最后，木星和火星球之间的比例是最大的。

4. 公理。所有行星都应当有不同的偏心率和不同的黄纬运动，它们与太阳这个运动之源的距离也和偏心率一样各有不同。

由于运动的本质不在于存在而在于生成，所以某一颗行星在运行过程中所穿过的区域的样子或形状并非从一开始就成为立体的，而是随着时间的推移，最后不仅要求长度，而且也要求宽度和深度，形成完整的三维；渐渐地，通过很多圈的交织和积聚，一种凹陷的球形就显现了出来——就像蚕丝在交织和缠绕很多圈后结成蚕茧一样。

5. 命题。每一对相邻行星必定被指定了两种不同的和谐比例。

因为根据公理4，每颗行星与太阳之间都有一个最大距离和一个最小距离，所以根据第三章，每颗行星都有最慢的运动和最快的运动。因此，存在着两种极运动之间的主要比较，一种是两颗行星的发散运动，另一种是它们的收敛运动。它们必定彼此不同，因为发散运动的比例会大一些，收敛运动的比例会小一些。但不同的行星对之间必定存在着不同的和谐比例，以使这种多样能够为世界增辉（根据公理1）；还因为根据命题3，两颗行星之间的距离的比例是不同的。但球与球之间的每一个确定的比例都因其量的关系而对应着和谐比例，一如本卷第五章中所证明的那样。

6. 命题。两个最小的和谐比例 4∶5 和 5∶6 在行星对之间不会出现。

因为 5∶4 = 1 000∶800，6∶5 = 1 000∶833，但十二面体与二十面体的外接球与内切球之比都是 1 000∶795，这两个比例标明了彼此距离最近的行星球之间的距离，或者说最小间距。因为对于其他立体形来说，外接球与内切球之间的距离要更大。然而，根据第三章的第十三条，如果偏心率与球之间的比例不是太大的话，那么这里运动之比仍然要大于距离之比。[1] 因此，运动之间的最小比例大于 4∶5 和 5∶6。因此，这些和谐比例事实上已为正立体形所排除，从而不会

1　要想让收敛运动表示一个小音程，行星之间必须非常接近。然而，五种正立体在行星球之间的嵌入给相邻两颗行星的距离设置了下限。对于正二十面体和正十二面体来说，它们的外接球与内切球的半径之比是最小的，即约为 1000∶795。开普勒认为，这个比例对于让收敛运动产生一个大三度或小三度是太大了。

在行星间出现。

7．命题。除非行星极运动之间的固有比例复合起来之后大于一个纯五度，否则两颗行星的收敛运动之间不会出现纯四度的协和音程。

设收敛运动之比为 3∶4。首先，假设没有偏心率，单颗行星的运动之间没有固有的比例，而收敛运动和平均运动是相同的，那么相应的距离（根据这个假设，它就是球的半径）就等于这个比例的 $\frac{2}{3}$ 次方，即 4 480∶5 424（根据第三章）。但这个比例已经小于任何正立体形的两球之比了，所以整个内球将被内接在任何一个外球的正立体形的表面所切分。但这与公理 2 是相违背的。

其次，设极运动之间的固有比例的复合是某个确定的值，并设收敛运动之比是 3∶4 或 75∶100，但相应距离之比是 1 000∶795，因为没有正立体形有更小的两球之比。由于运动之比的倒数要比距离之比大 750∶795，所以如果按照第三章的原理，把这份盈余除以 1 000∶795，那么得到的结果就是 9 434∶7 950，即为两球之比的平方根。因此这个比例的平方，即 8 901∶6 320 或 10 000∶7 100，就是两球之比。把它除以收敛距离之比 1 000∶795，得到的结果为 7 100∶7 950，大约为一个大全音。平均运动与两个收敛运动之间形成的两个比例的复合必须至少足够大，以使收敛运动之间可以形成纯四度。因此，发散极距离与收敛极距离之间的复合比大约是这个比例的平方根，即两个全音；而收敛距离之比是它的平方，即比一个纯五度稍大。因此，如果两颗临近行星的固有运动的复合小于一个纯五度，那么其收敛运动之比就不可能是纯四度。

8. 命题。和谐比例 1∶2 和 1∶3，即八度和八度加五度，应属于土星和木星。

因为根据本卷第一章，它们获得了正立体形中的第一个——立方体，是第一级的行星和最高的行星；根据本书第一卷中的说法，这些和谐比例在自然的秩序中是排在最前列的，在两大立体形家族——二分或四分的立体形以及三分的立体形——中是首领。[1] 然而，作为首领的八度 1∶2 略大于立方体的两球之比 1∶$\sqrt{3}$；因此，根据第三章第十三条，它适合成为立方体行星的运动的较小比例，而 1∶3 则作为较大比例。

然而，这个结论还可通过以下方式得到：如果某个和谐比例与正立体形的两球之比之间的比例与从太阳上看到的视运动与平均距离之比相等，那么这个和谐比例就会被理所当

1　这里的 1∶2 和 1∶3 是第一卷中所说的"初级立体形家族中的首领"。第一家族包括边数为 2、4、8……的立体形（或准立体形），第二家族包括边数为 3、6、12……的立体形。参加第一卷，命题 30。

然地赋予运动。但是很自然地，根据第三章结尾的内容，发散运动之比应当远大于两球之比的 $\frac{3}{2}$ 次方，也就是说，近乎于两球之比的平方，而且 $1:3$ 是立方体两球之比 $1:\sqrt{3}$ 的平方，因此，土星与木星的发散运动之比是 $1:3$。（关于这些比例与立方体的许多其他关系，参见前面第二章。）

9. 命题。土星和木星的极运动的固有比例的复合应当约为 $2:3$，一个纯五度。

这个结论由前一命题可以得出；这是因为，如果木星的近日运动是土星的远日运动的三倍，而木星的远日运动是土星的近日运动的两倍，那么把 $1:2$ 除以 $1:3$，得到的结果就是 $2:3$。

10. 公理。如果可以在其他方面进行自由选择，那么较高的行星的运动的固有比例应当在本性上就是优先的，或是更加卓越的，甚或是更加伟大的。[1]

11. 命题。土星的远日运动与近日运动之比是 $4:5$，一个大三度；而木星的远日运动与近日运动之比则是 $5:6$，一

---

[1] 当开普勒在行星球之间镶嵌正多面体时，他是从最高的行星开始的。开普勒解释说，由于恒星区域是宇宙中最重要的部分，所以立方体作为初级形体中的第一种，理应离恒星天球最近，从而确定了第一个距离比例，即土星与木星的距离之比。行星的自然顺序也就可以由此确定下来了。开普勒需要下一个命题来确定哪一颗行星应当拥有大三度和小三度。

个小三度。

因为当它们复合起来之后等于 2:3，但 2:3 只能被和谐分割为 4:5 和 5:6。因此，和谐的作曲家上帝和谐地分割和谐比例 2:3，（根据公理 1）把它的较大的、更好的大调的男性的和谐部分给了土星这个较大较高的行星，而把较小的比例 5:6 给了较低的行星木星（根据公理 10）。

12．命题。金星和水星应当具有 1:4 这个大的和谐比例，即两个八度。

因为根据本卷第一章，立方体是初级形体的第一个，八面体是次级形体的第一个。而从几何上考虑，立方体在外面，八面体在里面，即后者可以内接于前者，所以在宇宙中，土星和木星是外行星的起始，或者说是最外层的行星；而水星和金星则是内行星的起始，或者说是最内层的行星；八面体则被置于它们的路径之间（参见第三章）。因此，在这些和谐比例中，必定有一个初级的并且与八面体同源的和谐比例属于金星和水星。而且，依照自然次序紧随 1:2 和 1:3 之后的和谐比例是 1:4，它与立方体的和谐比例 1:2 是同源的，因为它也是从同一组图形即四边形中产生的，而且与 1:2 是可公度的，因为它等于 1:2 的平方；而八面体也与正方体同族，且与之可公度。而且，1:4 由于一个特别的原因而与八面体同源，即 4 这个数在这个比例中，而一个正方形隐藏在八面体当中，正方形的内接圆与外接圆之比是 $1:\sqrt{2}$。

因此，和谐比例 1∶4 是这个比例的平方的连续幂，即 $1:\sqrt{2}$ 的四次方（参见第二章）。于是，1∶4 应当属于金星和水星。由于在立方体中，1∶2 是两颗（最外）行星的较小的和谐比例，因为这里是最外层的位置；所以在八面体中，1∶4 将是两颗（最内）行星的较大的和谐比例，因为这里是最内层的位置。但 1∶4 在这里之所以被赋予较大的和谐比例而不是较小的和谐比例，还有以下的原因。[1] 因为八面体的两球之比是 $1:\sqrt{3}$，如果假定八面体在行星中的镶嵌是完美的（尽管它实际上不是完美的，而是略微穿过了水星天球——这对我们是有利的），那么，收敛运动之比必定小于 $1:\sqrt{3}$ 的 $\frac{3}{2}$ 次方；但是 1∶3 就是 $1:\sqrt{3}$ 的平方，于是就比真正的比例大，而比 1∶3 还要大的 1∶4 也要比真正的比例大，所以即使是 1∶4 的平方根也不可能是收敛运动之比。[2] 因此，1∶4 不可能是较小的八面体比例，而应是较大的。

此外，1∶4 与八面体的正方形同源，正方形的内接圆与外接圆之比是 $1:\sqrt{2}$，正如 1∶3 与正方体同源，正方体

1　"较小"和"较大"的和谐比例等价于我们现在所说的"相距更近"和"相距更远"的和谐比例。——埃略特·卡特

2　收敛运动之比小于 $1:(\sqrt{3})^{\frac{3}{2}}$=1∶2.28。因此 1∶3 大于收敛运动之比，1∶4 也太大。1∶3 比收敛运动的真正比例大出 3∶3.28=1.32∶1，1∶4 比收敛运动的真正比例大出 4∶3.28=1.75∶1=1.32^{2}∶1。

的外接球和内切球之间的比例为 $1:\sqrt{3}$ 一样。正像 $1:3$ 是 $1:\sqrt{3}$ 的幂次，即它的平方一样，这里 $1:4$ 也是 $1:\sqrt{2}$ 的幂次，即它的四次方。因此，如果 $1:3$ 是立方体的较大和谐比例（根据命题 7），那么 $1:4$ 就应当成为八面体的较大和谐比例。

13. 命题。木星与火星的极运动应当具有如下和谐比例：一个是较大的和谐比例 $1:8$，即三个八度，另一个是较小的和谐比例 $5:24$，即两个八度加一个小三度。

因为立方体已经得到了 $1:2$ 和 $1:3$，而位于木星和火星之间的四面体的两球之比 $1:3$ 等于立方体两球之比 $1:\sqrt{3}$ 的平方。因此，数值等于立方体比例的平方的运动之比应当属于四面体。但 $1:2$ 和 $1:3$ 的平方为 $1:4$ 和 $1:9$，而 $1:9$ 不是和谐比例，$1:4$ 已经被用在了八面体上。因此，根据公理 1，这就必须要用到与这些比例临近的和谐比例。在这些相邻比例当中，首先遇到的较小比例是 $1:8$，较大比例是 $1:10$。到底应该这两个比例中选择哪个，则要根据它们与四面体的亲缘关系决定。虽然 $1:10$ 属于五边形组，但这与五边形没有任何共同之处。而四面体由于多方面的原因则与 $1:8$ 有更大的亲缘关系（参见第二章）。

此外，下列理由也倾向于 $1:8$：正如 $1:3$ 是立方体的较大和谐比例，$1:4$ 是八面体的较大和谐比例一样（因为它们是这两个立体形的两球之比的幂次），1∶8 也应是四面体的较大和谐比例，因为正如第一章中所说的，四面体的体积是内接于它的八面体的两倍，所以八面体比例中的 8 是四面体比例中的 4 的两倍。

再有，正如立方体的较小和谐比例 1∶2 是一个八度，八面体的较大和谐比例 1∶4 是两个八度，所以四面体的较大和谐比例 1∶8 就应该是三个八度。而且，更多的八度应该属于四面体而不是立方体和八面体，这是因为，由于四面体的较小的和谐比例必定要大于其他立体形的较小和谐比例（因为四面体的两球之比是所有立体形中最大的），所以四面体的较大和谐比例也要超过其他立体形的较大和谐比例几个八度。最后，三个八度音程与四面体的三角形形式有亲缘关系，而且与三位一体的普遍完美性相一致，因为甚至（三个八度的）项 8，也是完美的量即三维的第一个立方数。

与 1∶4 或 6∶24 相临近的一个较大的和谐比例是 5∶24，一个较小的和谐比例是 6∶20 或 3∶10。然而，3∶10 属于五边形组，而与四面体没有任何共同之处。但 5∶24 却因 3 和 4（从中产生出 12 和 24）而与四面体有亲缘关系。因为我们这里忽略了其他较小的项，即 5 和 3，正如我们在第二章中所看到的，它们与立体形的同源程度是最小的，而且，四面体的两球之比是 3∶1，根据公理 2，收敛距离之比也应当大致与此相等。根据第三章，收敛运动之比大约等于距离的 $\frac{3}{2}$

次方之比的倒数，而 3∶1 的 $\frac{3}{2}$ 次方约等于 1 000∶193。因此，如果取火星的远日运动为 1 000，则木星的（近日）运动将略大于 193，但会远小于 1 000 的三分之一即 333。因此，木星和火星的收敛运动之间的和谐比例不是 10∶3 即 1 000∶333，而是 24∶5 即 1 000∶208。

14．命题。火星极运动的固有比例应大于 3∶4 这个纯四度，而大约等于 18∶25。

设木星和火星被赋予了精确的和谐比例 5∶24 和 1∶8 或 3∶24（命题 13）。把较大的 5∶24 的倒数与较小的 3∶24 复合，得到结果 3∶5。而前面的命题 11 说过，木星本身的固有比例是 5∶6。再把这个比例的倒数与 3∶5 复合，即把 30∶25 与 18∶30 进行复合，得到的结果就是火星的固有比例 18∶25，它大于 18∶24 或 3∶4。但如果考虑到接下来的原因，即较大的共有比例 1∶8 还要更大，那么它还会变得更大。

15．命题。和谐比例 2∶3 即五度，5∶8 即小六度，3∶5 即大六度，将依次被分配给火星和地球、地球和金星、金星和水星的收敛运动。

因为介于火星、地球和金星之间的十二面体和二十面体具有最小的外接球和内切球之比，所以它们应当具有可能的和谐比例中最小的，这样才能同源，而且也使公理 2 得到满足。但是根据命题 4，所有和谐比例中最小的 5∶6 和 4∶5 是不可能的，因此，这些立体形应当具有大于它们的最近的和谐比例 3∶4、2∶3、5∶8 或 3∶5。

　　介于金星和水星之间的八面体的两球之比与立方体是一样的。但根据命题 8，立方体收敛运动之间的较小和谐比例是八度。因此，如果没有其他数值介入，那么根据类比，八面体的较小和谐比例也应是同一数值，即 1∶2。但如下数值介入了进来：如果把立方体行星，即土星和木星的运动的固有比例复合起来，那么结果将不大于 2∶3；而如果把八面体行星，即金星和水星的固有比例复合起来，结果就将大于 2∶3。原因很显然：假定我们所需要的是正方体和八面体之间的比例，设较小的八面体比例大于这里给出的比例，而与立方体的比例 1∶2 一样大；但根据命题 12，较大的和谐比例是 1∶4。因此，如果把它用我们已经假设的较小的和谐比例 1∶2 去除，那么得到的结果 1∶2 仍将是金星和水星的固有比例的复合。但 1∶2 大于土星和木星的固有比例的复合 2∶3。根据第三章，这个较大的复合的确会导致一个较大的偏心率；但同样根据第三章，这个较大的偏心率又会导致收敛运动之间的一个较小比例。因此，通过把这个较大的偏心率乘以立方体与八面体之间的比例，我们就得到金星和水星的收敛运动之间也需要一个小于 1∶2 的比例。不仅如此，根据公理 1，由于立方体行星的和谐比例是八度，所以另一个与此非常接近的和谐比例（根据较早的证明，它小于1：2）应当属于八面体行星。比1：2略小的比例是3：5，作为三者之中最大的，它应当属于两球之比最大的立体形，即八面体。因此，较小的比例5：8、2：3或3：4就被留给了两球之比较小的二十面体和十二面体。

这些余下的比例是这样在剩下的两颗行星中进行分配的。因为在这些立体形当中，尽管两球之比相等，但立方体得到了1：2这个和谐比例，八面体则得到了较小的和谐比例3：5，以使金星和水星的固有比例的复合能够超过土星和木星的固有比例的复合；所以尽管十二面体与二十面体的两球之比相等，但前者应当拥有一个比后者更小但相当接近的和谐比例，原因是类似的：因为二十面体介于地球和火星之间，而且如前所述有一个大的偏心率；而正如我们在下面将会看到的，金星和水星却有着最小的偏心率。由于八面体的和谐比例是3：5，二十面体的两球之比较小，具有比3：5稍小的紧接着的比例5：8，因此，留给十二面体的或者是余下的2：3，或者是3：4；但更可能的是与二十面体的5：8较为接近的2：3，因为它们是类似的立体形。

但3：4的确不可能。因为尽管如前所述，火星的极运动之比足够大，但地球——正如已经说过的，并将在下面阐明的——贡献的固有比例太小，以至于不足以使两个比例的复合超过一个纯五度。因此，根据命题7，3∶4不可能有自己的位置。这更是因为——由下面的命题17可得——收敛运动之比必定大于1 000∶795。

16．命题。金星和水星的固有运动之比的复合大约为5∶12。

把命题15赋予这对行星的较小和谐比例3∶5除以较大比例1∶4或3∶12（根据命题12），得到的结果5∶12就是两颗行星固有比例的复合。所以水星的极运动的固有比例要比金星的固有比例5∶12小。这可以通过这些第一类的理由来理解。根据下面的第二类理由，通过把两颗行星共有的和谐比例当作一种"酵母"包括进来，我们就会看到，只有水星的固有比例才是5∶12。

17．命题。火星与地球的发散运动之间的和谐比例不可能小于5∶12。

根据命题14，只有火星的固有运动比例超过了纯四度，大于18∶25。但根据命题15，它们较小的和谐比例是纯五度。因此，这两部分的复合为12∶25。但根据公理3，地球也必须具有自己的固有比例。因此，由于发散运动的和谐比例是由以上这三种组分构成的，所以它将大于12∶25。但接下来的一个比12∶25即60∶125稍大的和谐比例是5∶12

即 60∶144。因此，根据公理 1，如果这两颗行星的运动的
较大比例需要一个和谐比例，那么它不可能小于 60∶144 或
5∶12。

因此，至此为止，根据目前所说的公理，除只有地球和
金星这一对行星仅仅被分配了一个和谐比例 5∶8 外，其余所
有行星对都出于必然理由而得到了两个和谐比例。因此，我
们现在必须重新开始进一步探索它的另一个和谐比例，即较
大的或发散运动的和谐比例。

后验的理由

18．公理。运动的普遍和谐比例必定是由六种运动的相
互调节，特别是通过极运动来确立的。

由公理 1 可以证明。

19．公理。在运动的一定范围内，普遍和谐比例必须是
一样的，以使它们能够出现得更加频繁。

如果它们被局限于运动的个别的点，那么它们就有可能
永远也不出现，或者出现得非常少。

20．公理。正如第三卷已经证明的，由于对和谐比例种
类（generum）的最自然的区分是大调和小调，所以两种普遍

和谐比例必须在行星的极运动之间获得。

21．公理。两种和谐比例的不同种类必须被确立，以使世界的美可以通过所有可能的变化形式来展现；这只能通过极运动，或至少是通过某些极运动来实现。

由公理1可得。

22．命题。行星的极运动必已指定了八度系统的音高或音符，或者音阶中的音符。

正如第三卷已经证明的，基于一个共有音符的和谐比例的起源和比较产生了音阶，或者说把八度分成了它的音高或音符。因此，由于根据公理1、20和21，极运动之间需要有不同的和谐比例，所以某个天的系统或和谐音阶需要通过极运动来做出真正的划分。

23．命题。必定有这样一对行星，其运动之间的和谐比例只存在大六度3∶5和小六度5∶8。

根据公理20，和谐比例的种类之间存在着必然的区分。根据命题22，这种区分是通过拱点处的极运动来实现的，因为要想排列和整理它们，只有极运动——最快的和最慢的运动——才需要被确定，各种居间的调子都是当行星从最慢运动到最快的过程中自行产生的，它们不需要任何特别的关照。

因此，只有当两颗行星的极运动之间形成了一个第西斯或
24：25时，这种排列才可能发生，因为如第三卷中所解释的，
和谐比例的不同种类之间相差一个第西斯。

　　然而，第西斯或者是4：5和5：6这两个三度之间的差距，
或者是3：5或5：8这两个六度之间的差距，或者是再升高
一个或几个八度之后的这些比例之间的差距。但是根据命题
6，4：5和5：6这两个三度在行星对之间并不出现；而且除
了火星和地球这对行星的5：12（与之相关的只有2：3）[1]，增
加一个八度的三度或六度也没有出现。所以居间的比例5：8、
3：5和1：2都同样是容许的。因此，余下的两个六度3：5
和5：8要被给予一对行星。而且它们运动的变化只能是六
度，以至于它们既不会扩张到下一个较大的音程2：1，即一
个八度，也不会缩小为下一个较小的音程2：3，即一个五度。
这是因为，如果两颗行星的收敛极运动之间构成一个纯五度，
发散运动之间构成一个八度，那么同样的两颗行星也的确可
以构成六度，从而跨过一个第西斯，但这却不能体现运动的
规定者的天道。因为那样一来，最小的音程第西斯——它潜
藏于极运动之间所包含的所有大音程之中——就会被随着调
子连续变化的居间运动所超越，但它不是由它们的极运动决
定的，因为部分总是小于整体的，即第西斯总要小于介于

1　火星与地球的发散运动之比是5：12，即一个八度加小三度，收敛运动之比是2：3，
　　即一个纯五度。这是不搭配的，因为2：3并没有改变和谐比例的种类。

2：3和1：2之间的较大音程3：4，这里，后者将被认为是由极运动所确定的。

24．命题。改变了和谐比例种类的两颗行星应当在它们极运动的固有比例之间形成一个第西斯，其中一个的固有比例将大于一个第西斯；它们的远日运动之间应当形成一个六度，近日运动之间应当形成另一个六度。

由于极运动之间构成了两个相距为一个第西斯的和谐比例，这可以以三种方式来产生：或者一颗行星的运动保持不变，另一颗的运动变化一个第西斯；或者当上行星在远日点，下行星在近日点时，两者都变化半个第西斯，构成一个大六度3：5，并且当它们移出那些音程彼此相互靠近，上行星运动到近日点，下行星运动到远日点时，它们构成一个小六度5：8；或者最后一种可能，在从远日点向近日点运动的过程中，一颗行星比另一颗行星的变化更大，从而超过一个第西斯，于是这两颗行星在远日点的运动之间就形成了一个大六度，在近日点的运动之间就形成了一个小六度。但第一种方式是不合法的，因为那样一来，这些行星中的某一颗将没有偏心率，从而与公理4相违背。第二种方式不那么美，也不那么适宜：之所以不美，是因为不够和谐，两颗行星的运动的固有比例将不是悦耳的，因为任何一个小于第西斯的音程都是不协和的。然而，让某一颗行星受到这个不协和的小音程的影响会好一些。事实上，它是不可能发生的，因为如果是这种方式，那么极运动就会偏离系统的音高或音阶的音符，从而与命题 22 相违背；它之所以是不适宜的，是因为六度只在行星分别位于相反的拱点时的那些运动中出现：如果是这样，那么这些六度以及从它们当中导出的普遍和谐比例就不可能有地方产生。因此，当行星的所有（和谐）位置都被局限在它们轨道上的几个有限的个别的点时，普遍和谐比例将会极为稀少，从而与公理 19 相违背。因此，还剩下第三种方式，即每一颗行星都变化自己的运动，但其中一颗要比另一颗变化大，而且至少要相差一个完整的第西斯。

25．命题。对于改变和谐种类的两颗行星来说，上行星的固有运动的比例应当小于一个小全音 9∶10；而下行星的固有比例则应小于一个半音 15∶16。

根据前一命题，它们或是通过远日运动，或是通过近日运动来构成 3∶5 的比例。但通过近日运动是不可能的，因为那样一来，它们的远日运动之比将是 5∶8。因此，根据同一命题，下行星的固有比例将比上行星高出一个第西斯，但这是与公理 10 相违背的。因此，它们只能通过远日运动构成 3∶5 的比例，近日运动构成的是 5∶8 的比例，后者比前者小了 24∶25。然而，如果远日运动构成了一个大六度 3∶5，那么上行星的远日运动与下行星的近日运动之间将构成一个超过大六度的音程，这是因为下行星将复合其整个固有比例。

同样地，如果近日运动构成一个小六度 5∶8，那么上行星的近日运动和下行星的远日运动将构成一个小于小六度的音程，因为下行星将复合其整个固有比例的倒数。然而，如果下行星的固有比例等于一个半音 15∶16，那么除了六度以外，纯五度也可以出现，因为一个小六度减去一个半音就成了一个纯五度，但这是与命题 23 相违背的。因此，下行星的固有音程将小于一个半音。由于上行星的固有比例要比下行星的固有比例大一个第西斯，而一个第西斯加上一个半音就成了一个小全音 9∶10，因此，上行星的固有比例小于一个小全音 9∶10。

26．命题。对于改变和谐种类的两颗行星来说，上行星的极运动之间所构成的音程应当或者是一个第西斯的平方 576∶625，即大约 12∶13，或者是半音 15∶16，或者是与前者或后者相差音差 80∶81 的某个居间的音程；而下行星应当或者是一个纯粹的第西斯 24∶25，或者是一个半音与一个第西斯之差 125∶128，即大约 42∶43，或者最后，是与前者或后者相差音差 80∶81 的某个居间的音程，也就是说，上行星应当构成第西斯的平方减去一个音差，下行星构成一个纯粹的第西斯减去一个音差。

根据命题 25，上行星的固有比例应当大于一个第西斯，根据前一命题，它应当小于一个（小）全音 9：10。但事实上，根据命题 24，上行星应当超过下行星一个第西斯。和谐之美告诉我们，即使这些行星的固有比例由于过小而不可能是和谐的，根据公理 1，如果可能，它们至少也应当是协和的。但是，小于（小）全音 9：10 的协和音程只有两种，即半音和第西斯，但它们彼此之间相差不是一个第西斯，而是一个更小的音程 125：128。因此，上行星不可能具有一个半音，下行星也不可能具有一个第西斯；或者上行星具有一个半音 15：16，下行星具有 125：128，即 42：43，或者下行星具有一个第西斯 24：25，上行星具有第西斯的平方，即约为 12：13。但由于两颗行星是平权的，所以即使协和的性质不得不在它们的固有比例中被打破，它也必须在两者中被均等地打破，从而使它们的固有音程之差仍将是一个精确的第西斯，根据命题 24，这对于区分和谐比例的种类是必要的。如果上行星的固有比例小于第西斯的平方的量或者超过一个半音的量，等于下行星的固有比例小于一个纯粹的第西斯的量或者超过 125：128 这个音程的量，那么协和的性质就会在两者中被均等地打破。

不仅如此，这种盈余或亏缺必定是一个音差，即 80：81，因为为了使音差在天体运动中被表达的方式能够像在和谐比例中一样，即通过彼此之间的音程的盈余或亏缺来表达，和谐比例不能指定任何其他音程。因为在和谐音程中，音差是大小全音之差，它不以任何其他方式出现。

接下来我们需要探究的是，在那些被提出的音程中，哪些是更可取的。是第西斯（下行星的纯粹第西斯和上行星的第西斯的平方），还是上行星的半音和下行星的125∶128。回答是第西斯，论证如下：因为尽管半音已经在音阶中以不同方式表示过了，但与之相关的比例125∶128还没有被表示。另一方面，第西斯已经以不同方式表示过了，第西斯的平方也以一种方式表示了，即把全音分解为第西斯、半音和小半音；那样一来，正如第三卷第八章中已经说过的，两个第西斯大约相距两个音高。另一种论证是，第西斯是可以对种类进行分类的，而半音却不行。因此，相对于半音来说，我们必须给予第西斯更多的关注。总而言之，上行星的固有比例应当是2 916∶3 125，大约为14∶15，下行星的固有比例应当是243∶250，大约为35∶36。

你或许会问，至高的造物主的智慧可能像这样沉湎于如此细致而费力的计算吗？我回答说，可能有许多原因对我是隐藏着的。但是如果和谐的本性没有提供更有分量的理由（因为我们正在处理的比例小于所有协和音程所能容许的范围），那么认为上帝甚至连这些理由也遵循了，无论它们显得有多么琐碎，这也并非愚蠢，因为他从不规定任何没有缘由的东西。相反，宣称上帝选取这些量是随机性的（它们都小于为它们规定的界限——小全音）倒是愚蠢的。说他之所以把它们取成那样的量，是因为他愿意这样选择，这样说也是不充分的。因为对于那些可以进行自由选择的几何事物来说，上帝做出的任何选择都有某种几何上的原因，正如我们可以在叶边、鱼鳞、兽皮、兽皮上的斑点以及斑点的排列等诸如此类的东西上所看到的那样。

27. 命题。地球与金星的较大运动比例应该是远日运动之间的大六度，较小的运动比例应该是近日运动之间的小六度。

根据公理 20，区分和谐比例的种类是必要的。但是根据命题 23，只有通过六度才可能做到这一点。因为根据命题 15，地球和金星这两个相邻的二十面体行星已经得到了小六度 5∶8，所以另一个六度 3∶5 也应当指派给它们。但是根据命题 24，它不是在收敛极运动或发散极运动之间形成，而是在同侧的极运动之间形成，即远日运动之间形成一个六度，近日运动之间形成另一个六度。此外，和谐比例 3∶5 与二十面体同源，因为两者都属于五边形组（参见第二章）。

这就是精确的和谐比例可以在这两颗行星的远日运动和近日运动之间找到，而不能在收敛运动之间找到的原因。（正如上行星的情况那样。）

28. 命题。地球的固有比例大约为 14∶15，金星的固有比例大约为 35∶36。

根据前一命题，这两颗行星必定区分了和谐比例的种类。因此，根据命题 26，地球作为上行星应该得到音程 2 916∶3 125，大约为 14∶15，而金星作为下行星则应得到音程243∶250，大约为 35∶36。

这就是这两颗行星具有如此之小的偏心率，以及由此导出的极运动之间的小音程或固有比例的原因，尽管比地球高的下一颗行星火星以及比金星低的下一颗行星水星具有最大的偏心率。天文学证明了这一点的真实性。因为我们在第四章中看到，地球的比例是 14∶15，金星是 34∶35，天文学的精确度几乎无法把它与 35∶36 区分开。[1]

29. 命题。火星与地球运动的较大和谐比例，即发散运动的和谐比例不可能是那些大于 5∶12 的和谐比例中的一个。

根据上面的命题 17，它不是小于 5∶12 的比例中的任何一个；但是现在，它也不是大于 5∶12 的比例中的任何一个。因为这些行星的另一个较小的共有比例 2∶3 与火星的固有比例（根据命题 14，它将大于 18∶25）进行复合，得到

---

1 地球与金星是唯一一对远日运动和近日运动之间，而不是收敛运动和发散运动之间构成和谐比例的行星。其远日运动的比例是 0.602（大六度 = 0.600），近日运动的比例是 0.628（小六度 = 0.625）。

的结果将会大于 12：25 即 60：125。把它与地球的固有比例 14：15 即 56：60（根据前一命题）进行复合，得到的结果将会大于 56：125，大约为 4：9，也就是说略大于一个八度加一个大全音。而下一个比八度加全音更大的和谐比例是 5：12，即八度加小三度。

请注意，我并没有说这个比例既不大于也不小于 5：12，而是说如果它必定是和谐的，那么没有其他和谐比例会属于它。

30. 命题。水星运动的固有比例应当大于所有其他行星的固有比例。

根据命题 16，金星和水星的固有运动复合起来大约为 5：12。但是金星自己的固有比例是 243：250，即 1 458：1 500。把它的倒数与 5：12 即 625：1 500 进行复合，那么得到的结果 625：1 458 就是水星自己的固有比例，它大于一个八度加一个大全音，而其余行星中固有比例最大的行星——火星的固有比例小于 2：3，即一个纯五度。

事实上，如果把金星与水星这两颗最低的行星的固有比例复合在一起，那么得到的结果将大致等于四颗较高行星的固有比例的复合。因为正如我们马上就会看到的，土星和木星的固有比例的复合超过了 2：3，火星的固有比例小于 2：3，把这两个比例复合起来，得到 4：9 即 60：135。再把它与地球的 14：15 即 56：60 复合起来，得到的结果为 56：135，它略大于 5∶12，而正如我们刚刚看到的，5∶12 是金星与水星的固有比例的复合。然而，这既不是被追求到的，也不是取自任何分立的、特殊的美的原型，而是通过与业已确立的和谐比例相关的原因的必然性自发出现的。

31. 命题。地球的远日运动与土星的远日运动之间的和谐比例必定是若干个八度。

根据命题 18，普遍和谐比例是必定存在的，因此土星与地球、土星与金星之间也必定存在着和谐。但如果土星的其中一种极运动既不与地球的极运动保持和谐，也不与金星的极运动保持和谐，那么根据公理 1，与土星的两种极运动都与这些行星保持和谐相比，这样的和谐将会更少。因此，土星的两种极运动应该都与地球和金星保持和谐：其远日运动与其中一颗行星保持和谐，其近日运动与另一颗行星保持和谐，因为它是第一颗行星的运动，不存在什么阻碍。因此，这些和谐比例将或者同音 [1]（identisonae）或者不同音（diversisonae），即或者是连续加倍比例，或者是其他比例。但其他比例是不可能的，因为在 3 和 5（根据命题 27，它们确定了地球与金星的远日运动之间的较大和谐比例）这两项之间无法建立两个调和平均值；因为六度无法被

---

1 "同音和谐比例"是指像 3∶5、3∶10、3∶20 等这样的比例。——原注

分成三个音程（参见第三卷）。因此，土星的两种运动不可能与 3 和 5 的调和平均值构成一个八度；但为了使它的运动能够与地球的 3 和金星的 5 之间形成和谐，它的一种运动必须与已经提到的行星之一构成同音的和谐比例，或者相差若干个八度。由于同音和谐比例更加卓越，所以它们也必须在更加卓越的极运动即远日运动之间建立起来，这既是因为它们因行星的高度而占据着卓越的位置，也是因为地球和金星把和谐比例 3 : 5（我们把它处理为较大的和谐比例）当成了它们的固有比例和某种意义上的特权。虽然根据命题 27，这个和谐比例也属于金星的近日运动和地球的某种居间的运动，但它最开始是在极运动中形成的，居间的运动则是在这之后。

我们一方面有最高的行星土星的远日运动，另一方面，与之相配的必须是地球的远日运动而非金星的远日运动，因为在这两颗区分了和谐种类的行星当中，地球是较高的行星。还有一个更加直接的原因：后验的理由——我们现在正在讨论的——实际上修正了先验的理由，不过只是对最小的地方进行了修正，因为它是一个有关小于所有协和音程的问题。但根据先验的理由，不是金星的远日运动，而是地球的远日运动接近于与土星的远日运动之间建立起来的几个八度的和谐比例。因为如果把以下几项复合起来：第一，土星运动的固有比例，即土星的远日运动与近日运动之比 4 : 5（根据命题 11）；第二，土星与木星的收敛运动之比，即土星的近日运动与木星的远日运动之比 1：2（根据命题 8）；第三，木星与火星的发散运动之比，即木星的远日运动与火星的近日运动之比 1：8（根据命题 14）；第四，火星与地球的收敛运动之比，即火星的近日运动与地球的远日运动之比 2：3（根据命题 15），那么你就会发现，土星的远日运动与地球的近日运动之间的复合比例为 1：30，它比 1：32 或五个八度仅仅小了 30：32，即 15：16 或一个半音。因此，如果一个被分成了比最小的协和音程还小的各个部分的半音与这四个组分相复合，那么土星和地球的远日运动之间就会形成一个完美的五个八度的和谐比例。然而，要想使土星的同一远日运动与金星的远日运动之间能够形成若干个八度，那么根据先验的理由，从中拿掉大约一个纯四度是必要的。因为如果把地球与金星的远日运动之比 3：5 同前面四种组分构成的比例 1：30 复合起来，那么根据先验的理由，我们发现土星与金星的远日运动之比是 1：50，这个音程与五个八度 1：32 相差 32：50，即 16：25 或纯五度加一个第西斯；与六个八度 1：64 相差 50：64，即 25：32 或纯四度减一个第西斯。因此，同音和谐比例必定要被建立起来，不过不是建立在金星与土星的远日运动之间，而是建立在地球与土星的远日运动之间，以使土星可以保持一种与金星不同音的和谐比例。

32. 命题。在行星的小调的普遍和谐比例中，土星精确的远日运动与其他行星之间不可能形成精确的和谐比例。

地球的远日运动并不与小调的普遍和谐比例相一致，因为地球和金星的远日运动之间构成了大调的音程 3∶5（根据命题 27），而土星的远日运动与地球的远日运动之间构成了一个同音的和谐比例（根据命题 31）。因此，土星的远日运动与它也不一致。不过，土星在非常接近于远日点的地方有一种稍快的运动，它非常接近于小调——我们已经在第七章中很清楚地看到了这一点。

33. 命题。大调的和谐比例和大音阶与远日运动密切相关，而小调的和谐比例和小音阶与近日运动相关。

虽然大调的和谐比例（dura harmonia）不仅在地球的远日运动与金星的远日运动之间形成，而且也在地球比远日点低的运动和金星比远日点低的运动（直到近日点）之间形成；另一方面，小调的和谐比例不仅在金星的近日运动和地球的近日运动之间形成，而且也在金星比近日点高的运动（直到远日点）和地球比近日点高的运动之间形成（根据命题 27）；但是，对这些种类的和谐比例的指定只属于每颗行星的极运动（根据命题 20 和命题 24）。因此，大音阶只被指定给远日运动，小音阶只被指定给近日运动。

34．命题。大音阶与两颗行星中的上行星的关系更近，小音阶则与下行星的关系更近。

因为大音阶是远日运动所固有的，小音阶是近日运动所固有的（根据上一命题），而远日运动比近日运动更慢，也更低沉，因此，大音阶是较慢的运动所固有的，小音阶是较快的运动所固有的。但两颗行星中的上行星与较慢的运动更加相关，下行星与较快的运动更加相关，因为固有运动的快慢总是与行星在世界中的高度相伴随的。因此，在同时具有两种调式的两颗行星中，上行星与大音阶的关系更近，下行星则与小音阶的关系更近。而且，大音阶使用了大音程 4∶5 和 3∶5，小音阶使用了小音程 5∶6 和 5∶8。但是，上行星既有一个更大的天球和更慢的运动，也有一个更长的轨道；那些在两方面都符合的东西是彼此更加亲近的。

35．命题。土星和地球与大音阶的关系更近，而木星和金星则与小音阶的关系更近。

首先，与金星一起指定两种音阶的地球是上行星。因此，根据上一命题，地球主要包含大音阶，金星主要包含小音阶。而根据命题31，土星的远日运动与地球的远日运动之间构成了一个八度的和谐比例，因此，根据命题33，土星也包含大音阶。其次，根据命题31，土星因其远日运动而更加青睐大音阶，而且根据命题32，排斥小音阶。因此，较之小音阶，它与大音阶的关系更为密切，因为音阶是被极运动指定的。

　　木星与土星相比是下行星。由于大音阶属于土星，所以根据上一命题，小音阶应当属于木星。

　　36. 命题。木星的近日运动与金星的近日运动必定在同一音阶上相一致，但构不成和谐比例，而与地球的近日运动就更不可能构成和谐比例了。

　　根据前一命题，木星主要与小音阶相关，而根据命题33，近日运动与小音阶密切相关，因此，木星通过其近日运动必定指定了小音阶，也就是说指定了它的确定音高或主音（phthongum）。但是根据命题28，金星的近日运动与地球的近日运动也指定了同一音阶，因此，木星的近日运动将与它们的近日运动在同一个音阶中相关联。但它不可能与金星的近日运动之间建立和谐比例，因为根据命题8，它应当与土星的远日运动，即木星的远日运动是 G 音的那个系统的 d 音构成 1∶3 的和谐比例，但金星的远日运动是 e 音，因此，它与 e 音之间的差距在最小的和谐比例所对应的音程之内。最小的和谐比例是 5∶6，但 d 音和 e 音之间的音程还要小很多，即 9∶10，一个全音。虽然金星在近日点的音要高于远日点的 e 音，但这种提高仍小于一个第西斯（根据命题28）。然而，如果把一个第西斯（因此还包括那些更小的音程）与一个小全音复合，那么结果还不到最小的和谐比例 5∶6 所对应的音程。因此，木星的近日运动不可能既与土星的远日运动之间构成 1∶3 或接近 1∶3 的比例，同时又与金星保持和谐。它也不能与地球保持和谐，因为如果木星的近日运动已经被调整到金星的近日运动的同一音阶，以至于它能与土星的远日运动之间形成 1∶3 的音程，差距小于最小的音程，也就是说与金星的近日运动之间相差一个小全音 9∶10 或 36∶40（再加上几个八度），而地球的近日运动与金星的近日运动之间相差 5∶8 即 25∶40，那么地球和木星的近日运动之间将相差 25∶36（再加上几个八度）。但这不是和谐比例，因为它是 5∶6 的平方，或一个纯五度减去一个第西斯。

37. 命题。土星与木星的固有复合比例 2∶3，以及它们较大的共有和谐比例 1∶3 必须增加一个等于金星（固有）音程的音程。

根据命题 27 和命题 33，金星的远日运动有助于指定大音阶，近日运动有助于指定小音阶。而根据命题 35，土星的远日运动也应当与大音阶一致，从而与金星的远日运动一致。但是根据上一命题，木星的近日运动与金星的近日运动之间也要一致。因此，金星的远日运动与近日运动之间的音程有多大，与土星的远日运动形成 1∶3 比例的木星的近日运动也应当加上多大。但是根据命题8，木星与土星的收敛运动之间的和谐比例是精确的1∶2。因此，如果从音程1∶2中减去这个大于1∶3的音程，那么得到的大于2∶3的结果就是这两颗行星的固有比例的复合。

在前面的命题28中，金星运动的固有比例是243∶250，约为35∶36。但是在第四章中我们看到，土星的远日运动与木星的近日运动之间所构成的比例要比1∶3略大，这个大出来的量介于26∶27与27∶28之间。但是如果把一秒——我不知道天文学能否探测到这个差别——加在土星的远日运动上，那么这两个量就完全相等了。

38．命题。到目前为止，通过先验的理由建立起来的土星和木星的固有比例的复合2∶3的盈余因子243∶250，必须以这样的方式被分配到行星中去：其中的一个音差80∶81给土星，余下的19 683∶2 000或约为62∶63的比例给木星。

由公理19可得，这个因子必须在两颗行星中分配，以使每颗行星都能在一定程度上与同它相关的普遍和谐比例相一致。但是，音程243∶250小于所有的协和音程。因此，没有和谐规则能够把它分成两个协和的部分，除了在前面命题26中划分第西斯24∶25时需要的音程，即把它分成一个音差

80∶81（这是那些小于协和音程的音程中最主要的一个[1]）和略大于一个音差的 19 683∶20 000，约为 62∶63。然而，要分离的不是两个音差，而是一个音差，以免各个部分太不相等，因为土星和木星的固有比例非常接近于相等（根据公理 10，甚至会扩展到那些比它们还小的协和音程），还因为音差是由一个大全音和一个小全音所确定的音程，而两个音差却不是。而且，尽管土星有着较大的固有和谐比例 4∶5，但属于土星这颗更高更大的行星的必定不是那个较大的部分，而是那个优先的、更美的即更和谐的部分。因为根据公理 10，优先性与和谐的完美性是首先要考虑的，而对量的考虑可以放在最后，因为量本身是没有美可言的。于是，正如我们在第三卷第十二章中对它的称法，土星的运动变为 64∶81，即一个掺杂[2]大三度，而木星的运动变为 6 561∶8 000。

　　我不知道在给土星增加一个音差以使土星的极距离可以构成一个大全音 8∶9 的原因当中，它是否应当算一个，抑或它是从运动的前述原因中直接导出的。因此，至于为什么在前面第四章中，土星的音程被发现包含了大约一个大全音，你在这里所得的不是一个推论，而是一个原因。

1　关于对小于协和音程的音程的划分，开普勒使用了音差而没有任意进行划分，是因为他在命题 26 中说，即使和谐的本性没有对这种音程的划分提供更有分量的理由，上帝也不会没有任何缘由地规定一个东西。
2　参见脚注"音程与和谐比例的比较"。——原注

39．命题。土星的精确近日运动以及木星的精确远日运动都不能构成大调的行星的普遍和谐比例。

根据命题 31，由于土星的远日运动应当与地球和金星的远日运动构成精确的和谐比例，所以土星比它的远日运动快 4：5 或一个大三度的运动也将与它们构成和谐比例；因为地球与金星的远日运动构成了一个大六度，而根据第三卷的证明，它又可分解为一个纯四度和一个大三度，因此，土星的这个比已经是和谐的运动还要快（快的量小于一个协和音程）的运动将不会处于精确的和谐。但这样一种运动是土星的近日运动本身，因为根据命题 38，土星的近日运动要比远日运动大 4：5，即一个音差或 80：81（小于最小的协和音程）。因此，土星的精确近日运动实际上并不和谐。而木星的精确远日运动也并不真正和谐，因为根据命题 8，它与土星的近日运动相差一个纯八度，根据第三卷中所说的内容，它也不能处于精确的和谐。

40．命题。根据先验理由建立起来的木星与火星的发散运动的联合和谐比例 1：8 或三个八度必须要加上一个柏拉图小半音 [1]。

因为根据命题 31，土星与地球的远日运动之间必须构成 1：32 即 12：384 的比例；而根据命题 15，地球的远日运动

---

1 《蒂迈欧篇》（*Timaeus*），36。——原注

与火星的近日运动之间必须构成 3∶2 即 384∶256 的比例；根据命题 38，土星的远日运动与它的近日运动之间必须构成 4∶5 或 12∶15 的比例，再加上它的额外增量；最后，根据命题 8，土星的近日运动与木星的远日运动之间必须构成 1∶2 或 15∶30 的比例；因此，在减去土星的额外增量之后，还剩下木星的远日运动与火星近日运动之间的 30∶256。但 30∶256 要比 32∶256 大 30∶32，即 15∶16 或 240∶256，为一个半音。因此，用土星的额外增量（根据命题 38，它应当是 80∶81 即 240∶243）去除 240∶256，得到的结果是 243∶256。但这是一个柏拉图小半音，约为 19∶20（参见第三卷）。因此，1∶8 必须加上一个柏拉图小半音。

于是，木星与火星的较大比例，即发散运动之间的比例应当是 243∶2 048，大约是 243∶2 187 和 243∶1 944 的平均，即 1∶9 和 1∶8 的平均。在 1∶9 和 1∶8 这两个比例中，前面所说的类比要求前者 [1]，而和谐比例接近于后者。

41．命题。火星运动的固有比例必定是和谐比例 5∶6 的平方，即 25∶36。

因为根据前一命题，木星与火星的发散运动之比应当是 243∶2 048，即 729∶6 144；而根据命题 8，其收敛运

---

[1] 参见命题 13。

动之比应当是 5∶24，即 1 280∶6 144，因此，两者的固有
比例的复合必定是 729∶1 280 或 72 900∶128 000。但是根
据命题 28，木星自身的固有比例必定是 6 561∶8 000，即
104 976∶12 800。因此，如果用它去除两者的复合比例，那
么得到的商 72 900∶104 976 即 25∶36 就是火星的固有比例，
它的平方根是 5∶6。

还可以这样来说明：土星的远日运动与地球的远日运动
之比为 1∶32 或 120∶3 840；土星的远日运动与木星的近日
运动之比是 1∶3 或 120∶360，再加上它的额外增量；土星
的远日运动与火星的远日运动之比是 5∶24 或 360∶1 728。
因此，剩下的 1 728∶3 849 再减去土星与木星的发散运动之
比中的那个额外增量，就是火星的远日运动与地球的远日运
动之比。而地球的远日运动与火星的近日运动之比是 3∶2 即
3 840∶2 500，因此，火星的远日运动与近日运动之比就是
1 728∶2 560，即 27∶40 或 81∶120，再减去所说的额外增
量。但是 81∶120 是一个小于 80∶120 或 2∶3 的音差，因此，
如果从一个音差里除去 2∶3，再除去所说的额外增量（根据
命题 38，它等于金星的固有比例），那么剩下来的就是火星
的固有比例。而根据命题 26，金星的固有比例是一个第西斯
减去一个音差。而一个音差加一个第西斯再减去一个音差，
就得到一个完整的第西斯或 24∶25。因此，如果用 2∶3 即
24∶36 减去一个第西斯 24∶25，那么和以前一样，得到的

25∶36 就是火星的固有比例。根据第三章，它的平方根 5∶6 就是音程。[1]

这就是在前面第四章中，火星的极距离被发现包含了和谐比例 5∶6 的又一个原因。

42. 命题。火星与地球之间的较大的共有比例，或者说发散运动的共有比例必定是 54∶125，小于根据先验的理由建立的和谐比例 5∶12。

根据前一命题，火星的固有比例必定是减去了一个第西斯的纯五度；而根据命题 15，火星与地球的收敛运动的共有比例，或者说较小的共有比例必定是一个纯五度即 2∶3；最后，根据命题 26 和命题 28，地球的固有比例必定是减去了一个音差的第西斯的平方。由这些成分复合成了火星与地球之间的较大比例，即它们的发散运动之比；它等于两个纯五度（或 4∶9，即 108∶243）加一个第西斯减去一个音差，即两个纯五度加上 243∶250。也就是说，它等于 108∶250 或 54∶125，即 608∶1 500。但这个比例要小于 625∶1 500 即 5∶12，小的量是 602∶625，即约为 36∶37，它小于最小的协和音程。

43. 命题。火星的远日运动不可能是任何普遍和谐比例，

1　根据第三章第六条，偏心圆上的视周日弧之比几乎精确地等于它们与太阳之间的距离的反比的平方。

然而它必定在某种程度上与小音阶保持和谐。

由于木星的近日运动有一个尖声的小调的 d 音，而且它与火星的远日运动之间必定构成了和谐比例 5∶24，所以火星的远日运动也有一个同样尖的掺杂 f 音。我之所以说是掺杂的，是因为尽管在第三卷的第十二章，我考察了掺杂的协和音程，并从系统的构成中把它们推了出来，但某些存在于简单自然系统中的掺杂和谐比例被漏掉了。于是，读者们可以在结尾是"81∶120"的一行后面加上："如果把它除以 4∶5 或 32∶40，那么得到的商 27∶32，一个下小六度[1]，即使是在纯粹的八度中，也存在于 d 与 f，或 c 与 e^2，或 a 与 c 之间。"在接下来的表中，接下来这句话应当放在第一行："对于 5∶6，是 27∶32，它是不足的。"

由此很明显，正如根据我的基本原理所规定的，在自然系统中，真正的 f 音与 d 音之间构成一个不足的或掺杂的小三度。因此，根据命题 13，由于在确立了真正的 d 音的木星的近日运动与火星的远日运动之间构成了一个纯粹的小三度加两个八度，而不是一个不足的音程，所以火星的远日运动定出的音高要比真正的 f 音高一个音差。于是，它是一个掺杂的 f 音；所以它不是绝对地，而是在一定程度上与这个音阶一致。但它不会进入一个普遍的和谐比例，无论是纯的还

1　这里"六度"（sexta）可能应当是"三度"（tertia）。——埃略特·卡特

2　C 和 e 在"自然系统"中并不产生一个下小三度。——埃略特·卡特

是掺杂的。因为金星的近日运动占据着这个调音中的 e 音。但由于 e 音和 f 音相邻，它们之间的比例是不和谐的。因此，火星与金星的近日运动之间不是和谐的。但它也与金星的其他运动不和谐，因为它们比一个第西斯小一个音差。因此，由于金星的近日运动与水星的远日运动之间是一个半音加一个音差，所以金星的远日运动与火星的远日运动之间将是一个半音加一个第西斯（不考虑八度），即一个小全音，它仍然是一个不和谐音程。现在，火星的远日运动与小音阶是一致的，但与大音阶不一致。因为金星的远日运动是大调的 e 音，而火星的远日运动（不考虑八度）比 e 音高一个小全音，所以在这个调音中，火星的远日运动必然落在 f 音和升 f 音中间，它将与 g 音（在这个调音中由地球的远日运动所占据）构成不协和的 25∶27，即一个大全音减去一个第西斯。

　　同样可以证明，火星的远日运动与地球的运动之间是不和谐的。因为它与金星的近日运动之间构成一个半音加一个音差，即 14∶15（根据以前所说的），而根据命题 27，地球与金星的近日运动之间构成了一个小六度，即 5∶8 或 15∶24。因此，火星的远日运动与地球的近日运动（加上几个八度）之间将构成 14∶24 或 7∶12 的不和谐比例，它们是不协和音程，7∶6 也是一样。因为 5∶6 与 8∶9 之间的任何音程都是不协和音程和不和谐比例，比如这里的

6：7。但地球没有任何一种运动可以与火星的远日运动构成和谐比例。因为前面已经说过，它与地球的远日运动之间构成了不和谐比例 25：27（不考虑八度），但是从 6：7或 24：28 到 25：27 之间的所有音程都小于最小的协和音程。

44．推论。因此，从以上关于木星和火星的命题 43、关于土星和木星的命题 39、关于木星和地球的命题 36，以及关于土星的命题 32 中，我们可以很清楚地看出，为什么在前面的第五章中，我们发现行星的所有极运动都不是完美地处于一个自然系统或音阶中，而且所有那些处于同一调音系统中的极运动并没有以一种自然方式划分那个系统的音高（loca），也没有产生一种协和音程的纯粹自然的接续。因为单颗行星拥有个别的和谐比例、所有行星拥有普遍和谐比例，以及普遍和谐比例有大调和小调两种类型的原因是优先的；当所有这些被假定之后，那么对自然系统所做的各种形式的调整就不再可能了。但是，如果那些原因并不必然是优先的，那么无疑地，或者一个系统和它的一个调音会包含所有行星的极运动；或者如果大调和小调两种调式的歌曲需要两个系统，那么自然音阶的实际秩序既可以在一个大调的系统中表达，也可以在另一个小调的系统中表达。于是，你在这里看到了第五章中对非常小的不一致（它们小于一切协和音程[1]）所许诺的理由。

45. 命题。金星与水星的较大共有比例，即两个八度，以及在命题 12 和命题 16 中根据先验的理由所确立的水星的固有和谐比例，必须加上一个等于金星音程的音程，以使水星的固有比例成为完美的 5∶12，于是水星的两种运动都可以与金星的近日运动构成和谐。

第一，由于土星这个外接于它的正立体形的、最高的、最外层的行星的远日运动，必定与区分立体形级别的地球的最高的运动即远日运动构成和谐；因此，根据相反的定律，水星这个内切于它的正立体形的、最内层的、距太阳最近的行星的近日运动，必定与地球（它是共同的边界）[2]最低的运动即近日运动构成和谐：根据命题 33 和命题 34，前者指定了和谐比例的大调，后者指定了小调。但是根据命题 27，金星的近日运动必须与地球的近日运动构成和谐比例 5∶3，因此水星的近日运动也应当与金星的近日运动处于同一个音阶中。然而，根据命题 12，先验的理由决定了金星与水星的发散运动之间的和谐比例是 1∶4，因此，根据这些后验的理由，它必须通过加入金星的整个音程来进行调节。因此，金星的

1　也就是小于一个第西斯。
2　第一章中区分了正立体形的雌雄等级。雄性立体形连同雌性同体的正四面体位于地球以上，雌性立体形则位于地球以下，因此地球的轨道就成了一个边界。

远日运动与水星的近日运动之间不再构成两个纯八度，而是金星的近日运动与水星的近日运动之间构成两个纯八度。但是根据命题 15，收敛运动之间的和谐比例 3：5 也是纯音程。因此，如果用 3：5 去除 1：4，得到的 5：12 就是水星的固有比例，它也是纯音程，不过不会（根据命题 16，通过先验的理由）再被金星的固有比例所减少。

第二，正如只有外面的土星和木星才不被正十二面体和正二十面体这对配偶立体形接触，也只有里面的水星才不被这对立体形接触，因为它们接触了里面的火星、外面的金星以及处于中间的地球。因此，由于某个等于金星固有比例的比例已经被加给了被立方体和四面体所支撑的土星和木星的运动的固有比例，所以包含在与立方体和四面体有亲缘关系的八面体之内的水星的固有比例也应当加上同样大的值。这是因为，八面体是次级形体中唯一扮演着立方体和四面体这两个初级形体（关于这些，参见第一章）的角色的立体形，所以在内行星中也只有水星扮演着土星和木星这两颗外行星的角色。

第三，因为根据命题 31，最高的行星土星的远日运动必定与改变了和谐比例种类的两颗行星中较高的、与之较近的行星的远日运动之间构成若干个八度，即连续双倍比例 1：32；所以反过来也是这样，最低的行星水星的近日运动也必定要与改变了和谐比例种类的两颗行星中较低的、与之较

近的行星的近日运动之间构成若干个八度，即连续双倍比例
1∶4。

第四，只有土星、木星和火星这三颗外行星的极运动可
以构成普遍和谐比例；所以内行星水星的两种极运动也必定
可以构成同样的和谐比例；而根据命题 33 和命题 34，中间
的行星地球和金星必定会改变和谐比例的种类。

第五，在三对外行星中，它们的收敛运动之间存在着完
美的和谐比例，但发散运动之间以及单颗行星的固有比例之
间则存在着经过调节的（fermentatae）和谐比例；因此，反
过来也是这样，在两对内行星中，完美的和谐比例主要不应
在收敛运动之间发现，也不应在发散运动之间发现，而应在
同侧的运动[1]之间发现。由于两种完美的和谐比例应当属于地
球和金星，所以金星和水星也应当具有两种完美的和谐比例。
地球和金星的远日运动之间以及它们的近日运动之间都应当
被分配一个完美的和谐比例，因为它们必定改变了和谐比例
的种类；而金星和水星由于没有改变和谐比例的种类，所以
也不要求在远日运动之间和近日运动之间构成完美的和谐比
例。然而，与远日运动之间的经过调节的完美和谐比例不同，
收敛运动之间存在着完美的和谐比例。正如内行星中最高的
行星金星的固有比例是所有行星中最小的（根据命题 26），

1　近日运动或远日运动。

内行星中的最低的行星水星的固有比例是所有行星中最大的一样（根据命题30），所以金星的固有比例也是所有行星的固有比例中最不完美的，或是与和谐比例相距最远的，而水星的固有比例也是所有行星的固有比例中最完美的，也就是说绝对和谐的、没有经过任何调节的比例；最终，这些关系在任何方面都是相反的。

超越一切时代的永恒的他就这样装点了他伟大的智慧杰作：没有多余，没有瑕疵，没有任何可指摘之处。它的作品是何等令人渴慕啊！所有事物都是一方平衡着另一方，没有任何东西是缺少对方而存在的。他为每一样东西都建立了善（装饰和匀称），并以最好的理由确证了它们，谁会对它们的光辉感到饱足呢？

46．公理。立体形在行星天球之间的镶嵌如果不受约束，不被前面所说的原因的必然性所限，那么它就应当完全遵循几何内切与外接的比例，于是也要遵循内切球与外接球之比的条件。[1]

物理镶嵌能够精确地表现几何镶嵌，就像一件印刷作品精确地表现它的纹样一样，没有什么东西能比这更合理、更

---

1 这条公理强调了正多面体在确定行星距离方面所起的作用，它使得开普勒能够把严格的镶嵌与观察到的距离之间所可能产生的不一致，解释成在构造宇宙过程中占据优先地位的和谐比例的必然结果。

适当了。

47. 命题。如果行星之间的正立体形的镶嵌不受限制，那么四面体的顶点就必定会触到上方的木星的近日天球，其各面的中心会触到下方的火星的远日天球。然而，顶点分别位于各自行星的近日天球上的立方体和八面体，它们各面的中心必定穿过了它们内部的行星天球，以至于那些中心将会位于远日天球与近日天球之间；而顶点接触外面行星的近日天球的十二面体和二十面体，它们各面的中心必定不会达到它们内部的行星的远日天球；最后，顶点位于火星近日天球的十二面体的"海胆"的反转的边[1]（连接着它的两个立体角或"楔子"）的中点，必定非常接近金星的远日天球。

　　由于无论是从起源上说，还是从在世界中的位置上说，四面体都是初级形体中的中间一个，所以如果不受阻碍，它必定会相等地跨过木星和火星两个区域。因为立方体在它之上，也在它之外，二十面体在它之下，也在它之内，所以很自然地，它们的镶嵌会带来相反的结果（四面体介于二者之间），即其中一个立体形的镶嵌是盈余的，另一个立体形的镶嵌是亏缺的，这就是说一个会穿过内部行星的天球，另一个则不会穿过。由于八面体与立方体同源，它的两球之比与立

---

1 "反转的边"是指构成"海胆"核的正十二面体的边。

方体相等，二十面体与十二面体同源，因此，如果立方体的镶嵌存在着某种完美性，那么同样的完美性也必定属于八面体；如果十二面体的镶嵌存在着某种完美性，那么同样的完美性也必定属于二十面体。八面体的地位非常类似于立方体的地位，二十面体的地位也非常类似于十二面体的地位，因为正如立方体构成了通往外部世界的一个界限，八面体也构成了通往内部世界的一个界限，而十二面体和二十面体则处于中间。因此很自然地，它们的镶嵌方式也将是类似的，前者的情况是穿过了内部行星的天球，后者的情况则是没有达到内部行星的天球。

然而，用角的顶点来表示二十面体和用底来表示十二面体的"海胆"，却必定会充满、包含或安排两个区域，即属于十二面体的火星和地球之间的区域和属于二十面体的地球和金星之间的区域。但哪对行星应该属于哪种关系，前一公理已经说得很清楚了。根据本卷第一章，拥有一个有理的内切球的四面体被分配到了初级形体的中间位置，它的两边都是不可公度的球形的立体形，外面的是立方体，里面的是十二面体。这种几何性质，即内切球的有理性，从本质上代表了行星天球的完美镶嵌。而立方体和它的共轭立体形的内切球只有平方之后才是有理的，因此，它们代表一种半完美的镶嵌，在这种镶嵌中，尽管行星天球的尽头没有被立体形各面的中心所触及，但至少它的内部，即远日天球和近日天球之间的平均——如果因其他理由这是可能的话——却被各个中心所触及。而另一方面，十二面体和它的共轭立体形的内切球无论是半径的长度，还是半径长度的平方，都是无理的；因此，它们代表着一种绝对非完美的镶嵌，不与行星天球的任何地方相接触，即各面中心无法达到行星的远日天球。

尽管"海胆"与十二面体及其共轭立体形同源，但它却与四面体有某种类似之处。因为内切于它的反转的边的球[1]的半径与外接球的半径不可公度，但却与两临角之间的距离可公度[2]。于是，半径的可公度性的完美性几乎与四面体一样大，而它的不完美性却与十二面体及其共轭立体形一样大。因此，很自然地，属于它的物理镶嵌既不是绝对的四面体式的，也不是绝对的十二面体式的，而是一个居间的种类。因为四面体的各面必定会触及天球的外表面[3]，十二面体的各面与之还相差一定距离，所以这个楔状立体形用其反转的边处于二十面体的空间和内切球的外表面之间，并且几乎触及这个外表面——如果这个立体形能够与其余五种立体形保持一致，如果它的定律也许能被其余五种立体形的定律所准许。然而，为什么我要说"也许能被准许"？没有这些定律，它

1 通过构成"海胆"核的十二面体的各边中点的球。
2 内切于反转的边的球的半径等于两临角间距的一半。
3 天球必定接触到了四面体各面的中心。

们就不可用。因为如果一种松散的、不接触的镶嵌与十二面体相合，那么除这个与十二面体和二十面体同源的辅助立体形——这个立体形的镶嵌几乎可与它的内切球接触，而且与天球的距离（如果的确存在这段距离的话）不会大于四面体超过和穿过（天球）的量——外，还有什么能把那种无限制的松散局限在一定范围之内呢？我们在下面就会讨论到这个量。

"海胆"之所以会与两个同源立体形结合（也就是说，为了能够确定它们留下来的尚未确定的火星与金星的天球之比），很可能是因为这一事实：地球的天球半径 1 000 非常接近于火星的近日天球和金星的远日天球的比例中项，就好像"海胆"指派给与它同源的立体形的空间已经在它们之间被成比例地分开了一样。

48．命题。正立体形在行星天球之间的镶嵌不是纯粹自由的，因为它在每一个细节处都被极运动之间建立起来的和谐比例所阻碍了。

首先，根据公理 1 和公理 2，每一个立体形的两球之比不是直接由立体形本身所表达的，而是通过立体形，首先找到与天球的实际比例最接近的和谐比例，然后把它调整到极运动。

其次，根据公理 18 和公理 20，为了使两种类型的普遍和谐比例能够存在，每一对行星的较大和谐比例必须要根据后验的理由进行调节。因此，根据第三章中所阐明的运动定律，为了使这些理由可以成立，可以通过它们自己的理由而得到支持，（由和谐比例建立起来的）距离与从两球之间的立体形的完美镶嵌中得到的距离就应该有些出入。为了证明这一点，并且弄清楚每一颗行星有多少距离被通过恰当理由建立起来的和谐比例带走了，让我们通过一种以前从未有人尝试过的新的计算方法来从和谐比例中导出行星与太阳之间的距离。

　　这项探索分为三步：第一，由每颗行星的两种极运动导出行星与太阳之间的极距离，通过它们计算出由每颗行星所固有的极距离来确定的轨道半径；第二，从以同样单位量出的同样的极运动中导出平均运动和它们之间的比例；第三，通过已经揭示出来的平均运动之比，求出轨道之比或平均距离之比以及极距离之比，再把它与从立体形中导出的比例进行比较。

　　关于第一步：我们必须回忆一下第三章第六条的内容，即极运动之比等于行星与太阳的相应极距离之比的倒数的平方。因此，由于平方之比是比的平方，所以单颗行星的极运动的数值将被当作平方数，它的根将给出极距离的大小。要想求出轨道半径和偏心率，只要取它们的算术平均值就可以了。于是，至此建立起来的和谐比例就规定了：

行星	根据的命题	运动之比	运动之比的平方根 [1]	轨道半径 [2]	偏心率 [3]	取轨道半径为100 000时（偏心率的值）
土星	"38. 命题"	64：81	80：90	85	5	5 882
木星	"38. 命题"	6 561：8 000	81 000：89 444	85 222	4 222	4 954
火星	"41. 命题"	25：36	50：60	55	5	9 091
地球	"28. 命题"	2 916：3 125	93 531：96 825	95 178	1 647	1 730
金星	"28. 命题"	243：250	9 859：10 000	99 295	705	710
水星	"45. 命题"	5：12	63 250：98 000	80 625	17 375	21 551

关于第二步，我们又一次需要借助第三章的第十二条，即平均运动既小于极运动的算术平均值，也小于其几何平均值，然而它小于几何平均值的量却等于几何平均值小于算术平均值的量的一半。由于我们所要求的是用同样单位来表示的所有平均运动，所以让我们把迄今为止在两种运动之间建立起来的所有比例以及单颗行星的所有固有比例都按照它们的最小公因子确立起来，然后再取每颗行星的极运动之差的一半为算术平均值，取两极距离之积与这个积的平方根之差为几何平均值，再从几何平均值中减去算术平均值与几何平均值之差的一半，我们便得到了以每颗行星极运动的固有单位建立起来的每颗行星的平均运动的数值，根据比例规则，它们可以很容易地转化成公共单位的值。

1 这里的比例有的乘上了共同因子，有的取了随意的精度。

2 极距离的平均值。每个值的单位都是各自行星极距离的单位。

3 半径与任一极距离之差。每个值的单位都是各自行星极距离的单位。

于是，我们就从规定的和谐比例得到了平均周日运动之比，即每两颗行星的度数和分数之比。很容易检验它们是多么接近天文学。

行星对之间的和谐比例	极运动的值	单颗行星的固有比例	单颗行星的平均 算术平均	几何平均	差值的一半	不同单位的平均运动的值 固有单位	公有单位
1	土星 139 968	64	72.50	72.00	.25	71.75	156 917
1/2	土星 177 147	81					
	木星 354 294	6 561	7 280.5	7 244.9	17.8	7 227.1	390 263
5/24	木星 432 000	8 000					
	火星 2 073 600	25	30.50	30.00	.25	29.75	2 467 584
32 2/3	火星 2 985 984	36					
	地球 4 478 976	2 916	3 020.500	3 018.692	.904	3 017.788	4 635 322
5/5	地球 4 800 000	3 125					
	金星 7 464 960	243	246.500	246.475	.012 5	246.462 5	7 571 328
1 3 8 /5	金星 7 680 000	250					
	水星 12 800 000	5	8.500	7.746	.377	7.369	18 864 680
4	水星 30 720 000	12					

第三步则需要第三章的第八条。在求出了单颗行星的平均周日运动之比以后，我们也可以求出它们的轨道之比。因为平均运动之比等于轨道反比的 $\frac{3}{2}$ 次方，而立方之比就是克拉维乌斯（Clavius）在其《实用几何学》（*Practical Geometry*）一书的附表中所给出的那些平方之比的 $\frac{3}{2}$ 次方。[1] 因此，如果我们的平均运动的值（如果需要，可以简化成同样的位数）

---

1 C. Clavius, Geometriae Practicae (Rome, 1604)。开普勒大约在 1606 年 10 月得到了这本书。在第八卷末尾，克拉维乌斯列了一张从 1 到 1 000 的平方和立方表。

需要在那个表的立方值中去寻找，那么它们会在它们左边的平方数一栏中指示出轨道之比的值。于是，前面被归于单颗行星的以行星的轨道半径为单位的偏心率，就可以很容易地通过比例规则被转化成对所有行星都适用的公共单位下的值。然后，通过把它们加到轨道半径上和从轨道半径中减去它们，行星与太阳之间的极距离就可以确定了。不过，根据天文学的惯常做法，我们将把地球的轨道半径定为 100 000，以使这个数无论平方还是立方，都仅由 0 组成。我们也可以把地球的平均运动提高到 10 000 000 000，并通过比例规则，使得任一行星的平均运动的数值与地球的平均运动之比，等于10 000 000 000 比上这个新的值。因此，这项工作可以通过分别把五个立方根与地球的值进行比较来进行。

| | 不同单位的平均运动的值 | | 在平方表中找到的轨道之比 [2] | 半径 | 不同单位的偏心率 | | 得到的极距离 | |
	原先的值	在立方表中寻找的新的倒数值 [1]			固有单位	公共单位	远日距	近日距
土星	156 917	29 539 960	9 556	85	5	562	10 118	8 994
木星	390 263	11 877 400	5 206	85 222	4 222	258	5 464	4 948
火星	2 467 584	1 878 483	1 523	55	5	138	1 661	1 384
地球	4 635 322	1 000 000	1 000	95 178	1 647	17	1 017	983
金星	7 571 328	612 220	721	99 295	705	5	726	716
水星	18 864 680	245 714	392	80 625	17 375	85	476	308

因此，我们在最后一列就可以看出两颗行星的收敛距离应

1 这一列的值是用地球的平均运动 4 635 322 除以前一列的值，再乘以 1 000 000 得到的。
2 这一列的值是把前一列的值的立方根平方，再除以 10 得到的。

该是多少了。所有的值都非常接近我在第谷的观测数据中发现的那些距离[1]，只有水星有一些小的出入。天文学给它的距离似乎是 470、388 和 306，这些值都偏小。我们也许可以合理地猜想，这里的不一致的原因或者是因为观测次数太少，或者是因为偏心率太大（参见第三章）。不过我还是快点把计算完成吧。

现在就很容易把立体形的两球之比与收敛距离之比进行比较了。

如果立体形的外接球的通常取为 100 000 的半径变成		那么内切球的半径就由	变成	而由和谐比例导出的距离为	
立方体	8 994	土星的 57 735	5 194	木星的平均距离	5 206
四面体	4 948	木星的 33 333	1 649	火星的远日距	1 661
十二面体	1 384	火星的 79 465	1 100	地球的远日距	1 018
二十面体	983	地球的 79 465	781	金星的远日距	726
"海胆"	1 384	火星的 52 573	728	金星的远日距	726
八面体	716	金星的 57 735	413	水星的平均距离	392
八面体的正方形[2]	716	金星的 70 711	506	水星的远日距	476
	或 476	水星的 70 711	336	水星的近日距	308

也就是说，立方体的面向下稍微伸进了木星的中圆；八面体的面还没有达到水星的中圆；四面体的面稍微伸进了火星

1　从第谷的观测数据中导出的距离已经在第四章中给出。

2　开普勒试图（但未获成功）在这个表的最后两行使用"八面体的正方形"（即正八面体腰部的四个点所连成的正方形）的比例。开普勒曾在《宇宙的奥妙》第 13 章中说，水星的远日轨道也许是内切于这个正方形内，而不是内切于八面体内，因为他发现，用八面体的正方形中的圆代替内切球作为水星轨道的外边界是更合适的。他在这里表明，八面体正方形的过小的比例不能与金星的近日天球和水星的远日天球很好地符合，也不能与水星的近日天球和远日天球符合。他完全愿意抛弃年轻时的想法。正如他在下面说的："平面图形能在立体中起什么作用呢？"

的远日圆；"海胆"的边还没有达到火星的远日圆；十二面体的面远远不到地球的远日圆；二十面体的面也几乎同样程度地没有达到金星的远日圆；最后，八面体的正方形一点都不相配，不过这没有什么坏处，平面图形能在立体中起什么作用呢？因此，你看到，如果行星距离是从迄今证明的运动的和谐比例中导出的，那么前者的大小必定会像后者所允许的那样大，却不像由命题45所规定的自由镶嵌定律所要求的那样大。这是因为，借用本卷卷首的盖伦的话来说，这种完美镶嵌的"几何装点"与其他可能的"和谐装点"并非完全一致。为了澄清这一命题，许多东西都必须通过实际的数值计算来证明。

我并不隐瞒这一事实：如果我通过金星运动的固有比例来增加金星与水星的发散运动的和谐比例，并因而把水星的固有比例减少同样的量，那么这样一来，我就得到了水星与太阳之间的如下距离：469、388、307，它们与天文学给出的值精确相符。但是首先，我不能用和谐理由来保证这种减少，因为水星的远日运动将不会与任何音阶相符，而且在那些相互对立的行星中，完整的对立模式也没有在一切方面被保留下来；其次，水星的平均周日运动过大，以至于整个天文学中最为确定的水星周期被大大地缩短了。但通过这个例子，我鼓励所有那些有机会读到这本书，并且一心致力于数学的原理和最高哲学的知识的人们：努力工作，或者抛弃在任何地方都适用的和谐比例中的一种，把它换成另一种，看看你是否可以接近第四章所提出的天文学；或者用理性去论证，你是否可以用天体运动建立某种更好的、更适当的东西，它可以或者部分或者全部地摧毁我已经使用过的方案。无论属于我们造物主的荣耀的有哪些东西，它们都可以经由本书平等地为你所使用。直到这一刻，我认为自己完全可以改变任何我发现早先想得不正确的东西，它们往往是一时不留意或心血来潮的产物。

49．总结。在距离创生的时候，立体形让位于和谐比例，行星对的较大和谐比例让位于所有行星的普遍和谐比例（直至后者成为必然的），这是恰当的。

蒙天恩眷顾，我们现在碰到了 49，即 7 的平方；这也许就像一种安息日，紧接着前面关于天的构造的六次八个一组的讨论。而且，尽管它本可以放在早先的公理中说，但我还是很恰当地把它写成了总结：因为上帝在欣赏他的创世工作时也是这样做的，"神看着一切所造的都甚好"[1]。

这篇总结分为两部分。首先是一则关于和谐比例的一般性的证明，它是这样的：只要是在分量不等的不同东西中进行选择，那么首先应该选的就是更优秀的东西，而且只要可

---

1 《圣经·创世记》1：31。

能，更拙劣的东西就应该让位于它，就像"装点"一词似乎表明的那样。正如生命比物体更优秀，形式比质料更优秀一样，和谐装点也比几何装点更优秀。

正如生命完善了生命体，后者天生就是用来实现生命功能的一样（因为生命是从作为神的本质的世界原型中来的）[1]，运动也度量了被指派给每颗行星的区域，因为一块区域被指派给行星，就是为了使它能够运动的。但是五种正立体形，根据它们的名字本身，与区域的空间、数目和物体有关，而和谐比例却与运动有关。再有，由于质料是弥散的、本身不明确的，而形式是明确的、统一的、能够确定质料的，所以虽然存在着无限数量的几何比例，但只有极少数才是和谐比例。因为尽管在几何比例中存在着确定、形成和限制的程度，而且通过把天球归于正立体形，只有三个比例可以形成；但即使是这些几何比例，也被赋予了一种为其余所共有的偶性，即预设了一种对量的无限种可能的分割，那些各项彼此不可公度的比例实际上也以某种方式包含了这种性质。但和谐比例都是有理的，它们所有的项都是可公度的，都是得自确定而有限的平面图形种类。无限可分性意味着质料，而项的可公度性或有理性却意味着形式。因此，正如质料渴望形式，一块适当大小的粗凿的石头渴望人体的形状一样，形体

1　参见第四卷。

的几何比例也渴望和谐比例——不是为了后者能够塑造和形成前者，而是为了某种质料能与某种形式符合得更好，石头的尺寸与某个雕塑符合得更好，形体的比例与和谐比例符合得更好；从而使它们能够被塑造和形成得更完善，质料被它的形式所完善，石头被凿子凿成一个生命体的样子，而立体形的球的比例通过它最接近的、适当的和谐比例来形成。

我们迄今所说的东西可以通过我的发现史而变得更清楚。当我在二十四年前沉浸在这种沉思中时，我首先研究了单颗行星的天球是否彼此等距（因为在哥白尼那里，天球是分离的，而不是彼此接触的）。当然，我认为没有什么能比相等的关系更美妙了。然而，这种关系没头没尾，因为这种质料上的相等没有给出运动星体的数目，也没有给出确定的距离。于是，我开始思考距离与天球的相似性，即它们的比例。但同样的麻烦出现了，因为尽管这时天球之间的距离是不等的，但它们并不像哥白尼所认为的那样是不均匀的、不等的，而且也没有给出比例的大小和天球的数目。于是，我继而考虑正平面图形：它们通过圆的归属而产生了距离，但仍没有给出确定的数值。最后，我想到了五种正立体：这时，无论是星体的数目还是距离的几乎正确的数值都被揭示了，以至于我把余下的不一致归于天文学的精确程度。天文学的精确性在这二十年里被完善了许多；（但是）注意！在距离与正立体形之间仍然存在着出入，而且偏心率在行星中的分布相当不均等的原因也没有得到揭示。在这个世界的居巢中，我一直都只是在寻找石头——虽然可能是一种更优雅的形状，但终归是适合于石头的——而没有意识到雕刻家已经把它们塑造成了一尊非常考究的有生命的雕像。于是渐渐地，特别是在过去的这三年里，我想到了和谐比例，而把正立体形弃作较不重要的东西。这既是因为和谐比例是基于最后一触所给予的形式，而正立体形却基于质料（它在宇宙中只是星体的数目和大致的距离），也是因为和谐比例能够给出偏心率，而立体形却丝毫不能保证。也就是说，和谐比例提供了雕像的鼻子、眼睛和其余部分，而立体形却只是规定了粗略的外在大小。

因此，正如生命体和石块都不是根据某种几何形体的纯规则制成的，而是有某种东西从外在的球形中去除，无论它可能有多么精妙（尽管体积的正确大小保持不变），身体都能够得到为生命所必需的器官，石头能够得到生命体的形像；所以正立体形为行星天球规定的比例是低等的，它只关注身体和质料，因而必须尽一切可能让位于和谐比例，以使和谐比例更能为天球的运动增辉。

结尾的另一个部分是关于普遍和谐比例的，它也有一个证明，这个证明是与前一个证明紧密相关的。（事实上，它在前面公理 18 中就已经被部分地假设了。）完美的最后一触属于那种使世界更完美的东西，而那种较为次要的东西要被去除（如果有一方要被去除的话）。然而，使世界更为完美的是所有行星的普遍和谐比例，而不是相邻两颗行星的两个和谐比例。因为和谐比例是单位的某种关系，所以如果所有行星都能统一于同一个和谐比例，而不是每两颗行星分别形成两个和谐比例，那么行星就更加统一了。因此，两颗行星所产生的两个和谐比例中必有一个需要屈从，以使所有行星的普遍和谐比例能够成立。然而，需要屈从的比例必须是发散运动的较大和谐比例，而不是收敛运动的较小和谐比例。因为如果发散运动发散了，那么它们所关注的就不再是这一对行星，而是其他相邻的行星了；而如果收敛运动是收敛的，那么一颗行星的运动就会关注另一颗行星的运动。例如，在木星和火星这对行星中，木星的远日运动会关注土星的运动，火星的近日运动会关注地球的运动；而木星的近日运动会关注火星的运动，火星的远日运动会关注木星的运动。因此，收敛运动的和谐比例对于木星和火星是更适合的，而发散运动的和谐比例对于木星和火星来说就比较远了。如果与两颗相邻行星离得较远的、较为不一致的和谐比例能够被调整，而不是它们的固有比例，即相邻行星的更加相邻的运动之间存在的比例被调整，那么把邻近的行星两两组合到一起的和谐比例就较少受到破坏。然而，这种调整不会很大。因为比例关系已经被找到了，由此既可以建立所有行星的普遍和谐比例（两种不同种类），又可以包容两颗邻近行星的个别的和谐比例（幅度仅为一个音差）。事实上，四对收敛运动的和谐比例是纯的，一对远日运动和两对近日运动的和谐比例也是纯的；然而，四对发散运动的和谐比例却相差不到一个第西斯（使华丽音乐中的人声几乎总是走调的最小音程）；而只有木星和火星的这种差距在一个第西斯和一个半音之间。因此显然，这种相互屈从在任何地方都是非常好的。

至此，这篇关于造物主的作品的结尾就完成了。最后，我要把我的目光从证明表上移开，把双手举向天空，虔诚而谦卑地向光芒之父祈祷：

噢，您通过自然之光在我们心中唤起了对恩典之光的渴望，由此将荣耀的光芒洒向我们；创造我们的上帝啊，我感谢您，您使我醉心于您亲手创制的杰作，令我无限欣喜，心神荡漾。看，我已用您赋予我的全部能力完成了我被指派的任务；我已尽我浅薄的心智所能把握无限的能力，向阅读这些证明的人展示了您作品的荣耀。我的心智已经为最完美的哲学做好了准备。如果我这只在罪恶的泥淖中出生和长大的卑微的小虫提出了任何配不上您的意图的东西，那么请启示我理解您的真正意图，并对它们加以改正；如果我因您的作品的令人惊叹的美而不禁显得轻率鲁莽，或者在这样一部旨在赞美您的荣耀的作品中追求了我自己在众人中的名誉，那么请仁慈地宽恕我；最后，愿您屈尊使我的这些证明能够为您的荣光以及灵魂的拯救尽一份绵薄之力，而千万不要成为它们的障碍。

第十章

结语：关于太阳的猜想[1]

---

1 参见开普勒在《哥白尼天文学概要》中对这篇结语的评论。——原注

从天上的音乐到聆听者，从缪斯女神到唱诗班指挥阿波罗，从运转不息、构成和谐的六颗行星到在自己的位置上绕轴自转的所有轨道的中心——太阳。尽管最完整的和谐存在于行星的极运动之间（这种极运动不是就行星穿过以太的真实速度来说的，而是就行星轨道周日弧的端点与太阳中心的连线所成的角度来说的），但这种和谐不会为端点即单颗行星的运动增添光彩，而是在所有行星连在一起，彼此之间进行比较，并成为某种心智的对象的意义上来说的；由于没有什么对象是被徒劳地安排的，某种能够被它推动的东西总是存在着，所以那些角度似乎的确预设了某个类似于我们的目光或视觉一样的能动者（关于这一点，请参见第四卷）。月下自然觉察到了从行星那里发出来的光线在地球上所成的角度。的确，要猜想太阳上会有一种什么类型的视觉或眼睛，或者感知这些角度除视觉外还可以通过什么样的本能来实现，估测通过某种门径进入心智的运动的和谐，即最后确认太阳上到底存在着一种什么样的心智，这对于地球上的居民来说是相当困难的。然而，无论它是怎样的，六大天球围绕着太阳永恒地旋转以为其增添光彩（就像四颗行星陪伴着木星球，两颗卫星陪伴着土星球，月亮作为唯一一颗行星用它的运转包围着、映衬着、哺育着地球和我们这些栖身者一样），加之这种显然暗示着太阳至高恩典的特殊的和谐，使我不得不承认以下这些结论：从太阳发出并且洒向整个世界的光芒不仅像是从世界之焦点或眼睛发出的，一如生命和热来自心脏，一切运动都来自统治者或推动者；而且反过来，这些至为美妙的和谐也会像报答一样遵照高贵的定律从世界的每一角落返回，最后汇集到太阳，或者说，运动的形式通过某种心智的作用两两汇聚在一起，融合成单独一种和谐，就好像用金块和银块制成钱币一样；最后，整个自然王国的立法机构、宫廷、政府宅邸都坐落在太阳上，无论它的创造者给它指派了什么样的法官、大臣和王公贵族，也无论是一开始就创造了它们，还是中途把它们迁过去的，这些席位早已为它们准备好了。因为作为它的主要部分，地球的装点在很长时间里都缺少沉思者和欣赏者，这些为它们指定的席位还是空的。因此，当我发现亚里士多德著作[1]中提到古代的毕达哥拉斯主义者曾经把世界的中心（他们把它叫作"中心火"，但实际的意思就是太阳）称为"朱庇特的护卫"[（希腊文）"宙斯的护卫"]时，我被深深地触动了；这也就是古代的《圣经》翻译者在把《诗篇》中的诗句翻成"神把他的帐幕安设于太阳[2]"时，头脑

---

1   Aristotle, De caelo, 293 b 1-6.
2   开普勒的翻译不是对原始希伯来文本的准确翻译，原文是"神在其间为太阳安设帐幕"，参见《圣经·诗篇》19：4。

中反复思考的内容。

不过最近，我还偶然读到了柏拉图主义哲学家普罗克鲁斯（我们曾在前面几卷多次提到他）献给太阳的赞美诗，其中充满了值得敬重的奥秘，如果你把"听见我"这一句从中移除的话；尽管我们已经提到的那位古代翻译者在一定程度上为这句话做了辩解：当他援引太阳时指的是其背后的含义——"他把他的帐幕安设于太阳"。因为在普罗克鲁斯生活的时代（在君士坦丁大帝、奥勒留、背教者尤利安治下），把我们的救主拿撒勒的耶稣称之为神，并且谴责异教徒诗人的神是犯法的，这会被这个世界的统治者和民族本身施以各种惩罚。[1] 虽然普罗克鲁斯通过心灵的自然之光，从他自己的柏拉图主义哲学出发，认识到上帝之子是进入这个世界，并且照彻了每一个人的真正光亮，而且他已经知道，与迷信的大众一道去追寻神性是徒劳无益的，但他似乎还是倾向于在太阳而不是在基督这个活着的人身上寻求神。因此，他既通过用言辞歌颂诗人的太阳神而欺骗了异教徒，又通过把异教徒和基督徒都从可感事物（前者是可见的太阳，后者是圣母玛利亚的儿子）中引出来，从而服务于他自己的哲学，因为他抛弃了道成肉身的奥秘，过分信任他的心灵的自然之光；最后，他把被基督徒认为最神圣的、与柏拉图哲学

1　开普勒在这里弄错了，因为他所引用的君主都统治于公元 4 世纪，而普罗克鲁斯却生活在公元 5 世纪（410—485）。在普罗克鲁斯的时代，基督教已经是罗马帝国的主流宗教。

最一致的东西吸收进他自己的哲学中。[1] 所以，对于基督福音教义的职责也可以同样的方式用于指责普罗克鲁斯的这首赞美诗：让这位太阳神把"金色的缰绳"和"光芒的宝库，居于以太中央的席位，宇宙中心的耀眼的光环"拥为己有，哥白尼也把这些东西归之于他；让他成为"战车的驭者"，尽管古代的毕达哥拉斯主义者认为他仅仅是"中心""宙斯的护卫"——他们的这一学说由于数个世纪的遗忘而受到曲解，就像遭遇了一场洪水的洗劫，从而并没有被他们的继承者普罗克鲁斯意识到；让他也保有从他本身生出的后代，以及任何自然的东西；反过来，让普罗克鲁斯的哲学屈从于基督教的教义，让可感的太阳让位于圣母玛利亚的儿子——普罗克鲁斯用"提坦""生命之泉的钥匙的掌管者"的名字来称呼他，用"使万物充溢着唤醒心灵的洞见"的话来形容他；那种超乎命运之上的巨大力量，在福音书被传播以前从未在哲学中读到过[2]，恶魔惧怕他，视他为恐怖的鞭笞，暗地里等待着灵魂，"以使他们能够逃过高高在上的圣父的注意"；除了父的道，谁还能是"万物之父的形象（由于他从圣母那里显现，万物之间相互冲突的罪恶停止了）"？——根

1　古人对他的著作《圣母殿》（*Metroace*）的判断是，他在其中带着一种神圣的狂喜，提出了关于神的普遍教义，作者的许多眼泪打消了读者的所有疑虑。然而，这位作者还写了十八种三段论（epichiremata）来攻击基督教。约翰·菲洛波努斯（John Philoponus）反对这些三段论，他批评普罗克鲁斯对希腊思想的无知，而事实上，后者捍卫的正是希腊思想。——原注

2　然而，在斯维达斯（Suidas）词典（注：该词典成书于公元 1000 到 1150 年间，是我们了解古代哲学家的主要著作）中，一些类似的说法被归于奥菲斯（Orpheus），他生活在很久以前，大约是摩西的同时代人，似乎是摩西的弟子。参见普罗克鲁斯评论的奥菲斯的赞美诗。——原注

据以下这些话：地是空虚混沌，渊面黑暗，神把光暗分开了，把水分为上下，把海与旱地分开了：一切事都是根据他的道成的。除了神之子，灵魂的牧人，拿撒勒的耶稣，一个泪水涟涟的恳求者要想涤净自己的罪和污秽——就好像普罗克鲁斯承认原罪的传染物一样——保护我们远离惩罚和邪恶，"把正义的锐利眼光（父的愤怒）变得温和"，还能向谁祈祷呢？我们读到的其他一些东西（似乎是从撒迦利亚的赞美诗[1]中来的，或者是《圣母殿》的一部分）——"驱散有毒的、毁人的迷雾"，当灵魂还处于黑暗之中和死亡的阴影下的时候，是他给了我们"神圣的光芒"和"来自虔诚的坚定不移的至福"；那就是说，终身在他面前，坦然无惧地用圣洁、公义侍奉他。

因此，让我们现在把这些和类似的事物分离出来，把它们归于它们所属的天主教会的教义。但现在，让我们看看这首赞美诗被提及的主要原因。因为这个太阳"从高天流溢出和谐的巨流"（所以奥菲斯也"使宇宙得以和谐地运行"），太阳神由此跃出，并且"伴着他的里拉琴，唱出美妙的歌使他的喧嚣的子孙安睡下来"，在合唱中与之相伴随的是对阿波罗的颂歌，"使宇宙遍布和谐，带走痛苦"。我要说，这个太阳在赞美诗的一开始就被欢呼为"理智之火的君王"。通过这样的开头，他表明了毕达哥拉斯主义者所理解的"火"是什么意思（所以很奇怪，他的弟子在中心位置方面的观点竟不同

1　参见《圣经·路加福音》1：68—80。

于老师，认为中心应该是太阳），同时把他的整首赞美诗从可感的太阳及其性质和光转到理智的事物；他把太阳的高贵的席位让与了他的"理智之火"（也许是斯多葛派的创生之火），让与了柏拉图的创生之神、首要心灵或"纯粹理智"，从而把造物和创造万物的他混同了起来。但我们基督徒被教诲要进行更好的区分，知道这种永恒的、自存的"与神同在"[1]的"道"不被囿于任何地方，尽管道在一切事物之内，没有任何东西能够把它排除在外，尽管道外在于一切事物，从最荣耀的贞女玛利亚的子宫出生，成为一个人，当他肉身的使命完成之后，就把天当成了他高贵的居所，在那里通过他的荣耀和威严凌驾于世界的其他部分，他的天父也居于此处，他还向信众许诺他居于圣父的住所。至于关于那个住所的其他方面，我们认为探究任何进一步的细节，召唤自然感官或理性找出眼睛看不到的东西、耳朵听不着的东西，以及那些还没有进入人的心灵的东西是无益的。但我们应当把被造的心灵——无论它有多么出色——屈从于它的创造者，我们既不像亚里士多德和异教哲学家那样引入理智的神，也不像波斯妖僧那样引入无数行星的精灵，也不认为它们或者是被崇拜，或者是被召唤而通过法术与我们沟通的。怀着对此的深深的谨慎，我们自由地探究每一心灵的本性会是什么，特别是，如果在世界的中心有某种心灵与事物的本性联系非常紧密，履

1 《约翰福音》1：1。

行着世界灵魂的功能的话——或者，如果有某些与人的本性
完全不同的智慧生物偶然居住或将要居住在一个如此充满生
机的星球上的话［参见我的《论新星》(*On the New Star*) 的
第二十四章"论世界灵魂和它的某些功能"］。但如果我们可以
把类比当作向导，穿越自然之谜的迷宫的话，我认为这样主
张是恰当的：根据亚里士多德、柏拉图、普罗克鲁斯和其他
一些人的区分，六个天球与它们的共同中心即整个世界的中
心之间的关系就好比是"思想"与"心灵"之间的关系；行
星围绕太阳的旋转之于太阳在整个体系的中心位置旋转而不
发生变化（太阳黑子就是证据，《关于火星运动的评注》已经
就此给出了证明[1]），就好比推理的杂多过程之于心灵的最单纯
的理智。自转的太阳通过从自身释放的形式而推动所有行星，
所以正如哲学家所说的，心灵也通过理解自身以及自身当中
的一切事物来激发推理，通过把它的简单性在它们中间分散
和展开，来使一切变得可以理解。行星围绕太阳旋转与推理
过程之间的联系是如此紧密，以至于如果我们所居住的地球
没有在其他天球中间量出它的周年轨道，不断地变化位置，
那么人的推理便永远也不可能把握行星之间的真实距离以及
其他依赖于它们的事物，于是也就永远建立不起来天文学。［参
见《天文学的光学部分》(*Optical Part of Astronomy*) 第九章］

　　另一方面，通过一种优美的对称，与太阳静居于世界的

1　《新天文学》(*Astronomia nova*)，第三十四章。

中心相对的就是理智的简单性，因为迄今为止，我们一直都想当然地认为，太阳的那些运动的和谐既不是由地域方向的差异，又不是由世界的广度规定的。事实上，如果有任何心灵能够从太阳上观察那些和谐，那么它的居所就没有运动和不同位置能够帮助这种观察，而正是通过这些东西，它才能进行必要的推理和反思，从而量出行星之间的距离。因此，它所比较的每颗行星的周日运动并不是行星在各自轨道上的运动，而是它们在太阳中心扫过的角。所以如果它具有关于天球大小的知识的话，那么这种知识就必定是先验地属于它的，而不需要进行任何推理。自柏拉图和普罗克鲁斯以来，这在什么程度上对人的心灵和月下自然为真，已经说得很清楚了。

在这种情况下，如果有人从毕达哥拉斯之杯痛饮了一口而感到温暖（普罗克鲁斯从赞美诗的第一句就进入了这种状态），如果有人由于行星合唱的甜美和谐而进入梦乡，那么他这样梦想是不奇怪的［通过讲述一个故事他可以模仿柏拉图的亚特兰蒂斯（Atlantis）[1]，通过做梦可以模仿西塞罗笔下的西庇欧[2]］：在其他围绕太阳不停旋转的星球上分布着推理的能力，其中有一个必当被认为是最优秀的和绝对的，它位于其他星球的中间，这就是人所居住的地球；而太阳上却居住着单纯的理智、心灵或所有和谐的来源，无论它是什么。

1　亚特兰蒂斯，大西洋中一传说岛屿，位于直布罗陀西部，柏拉图在《蒂迈欧篇》和《克力提亚斯篇》（*Critias*）中声称该岛在一场地震中沉入海底。

2　西塞罗在《论共和》（*De republica*）的结尾中写过“西庇欧之梦”（Somnium Scipionis）。

如果第谷·布拉赫认为荒芜的星球并非意味着世上的一无所有，而是栖息着各种生物，那么，通过地球观察到的星球，我们就能够猜想上帝是如何设计其他星球的。水中没有空隙容纳供生物呼吸的空气，他创造了水栖动物；天空广阔无际，他创造了展翅翱翔的鸟类；北方白雪覆盖，他让白熊和白狼居在那里，熊以鲸为食，狼以鸟蛋为生；他让骆驼生活在利比亚烈日炎炎的大沙漠，因为它们能忍耐干渴；他让雄狮生活在叙利亚浩瀚无边的荒野，因为它们能忍耐饥饿。难道他已在地球上将一切造物技艺和全部善良用尽，以致不能也不愿意用相称的造物去装点其他星球？要知道，星体运转周期的长短，太阳的靠近与远离，各种不同的偏心率，星体的明暗，形体的性质，这一切，任何地区都少不了。

看吧！正如地球上一代代的生物具有十二面体的雄性形相，二十面体的雌性形像（十二面体从外面支撑地球天球，二十面体从里面支撑地球天球），以及二者结合的神圣比例及其不可表达性的生育形像，我们还能假定其他行星从其余的正立体形中得到什么形像？为什么四颗卫星会围绕木星运动，两颗卫星围绕土星运动，就像我们的月球围绕我们的居所运动呢？事实上，根据同样的方式，我们也可以就太阳做出推论，我们将把从和谐比例等——它们本身就是很有分量的——中得出的猜测与那些更偏向于肉身的、更易于普通人理解的其他猜测结合在一起。是否太阳上没有人居住，其他行星上挤满了居民（如果其他每一样事物都相符的话）？是否因为地球呼出云雾，太阳就呼出黑烟？是否因为地球在雨水的作用下是潮湿的，可以发芽吐绿，太阳就用那些燃烧的点发光，通体窜出明亮的薄焰？如果这个星体上没有居民，那么所有这些有什么用？的确，难道感官本身不是在大声呼喊，火热的物体居于这里，可以接纳单纯的心智，而太阳即使不是国王，也是"理智之火"的女王吗？

我有意打断这个梦和沉思冥想，只是和《诗篇》作者一起欢呼：圣哉，我们的主！大哉，他的德行和智慧无边无尽！赞美他，天空！赞美他，太阳、月亮和行星！用尽每一种感官去体察，用尽每一句话语去颂扬！赞美他，天上的和谐！赞美他，业经揭示的和谐的鉴赏者（特别是您，欢乐的老梅斯特林，您过去常常用希望的话语激励这些）：还有你，我的灵魂，去赞美上帝，你的造物主，只要我还活着。因为万物从他而生，由他而生，在他之中，无论是可感的还是理智的；我们完全无知的和已知的东西都只是他微不足道的部分，除此以外，还有更多。赞美、荣耀、光辉和世界属于他，永无尽期。阿门。

全文完

这部著作完成于 1618 年 5 月 17 日至 27 日；但（在印刷过程中）第五卷又于 1619 年 2 月 9 日至 19 日进行了修订。

林茨，上奥地利首府

译后记

　　《世界的和谐》(*Harmonice Mundi*，1619 年) 是约翰内斯·开普勒 (1571—1630) 的著作。在这部完全用拉丁文写成的作品中，开普勒讨论了几何形式和物理现象中的和谐。《世界的和谐》分为五章或五卷：第一卷讨论正多边形的构造和几何学；第二卷讨论正多边形和正多面体的和谐，特别是其铺满平面或空间的属性；第三卷讨论音乐中和谐比例的起源；第四卷讨论占星学中的和谐构形；第五卷讨论行星运动的和谐，正是在这一卷中，开普勒发现了现在所谓的"开普勒第三定律"。

　　本书仅为《世界的和谐》涉及天文学的第五卷，中译文根据 Johannes Kepler, *The Harmonies of the World*. Translated by Charles Glenn Wallis. Chicago: *Great Books of the Western World*. Encyclopædia Britannica, 1952 译出，少数地方参考了 Johannes Kepler, *The Harmony of the World*. Translated by E.J. Aiton, A.M. Duncan, and J.V. Field. Philadelphia: American Philosophical

Society, 1997。

　　虽然第五卷篇幅不长，但翻译起来极其困难，书中许多内容对我来说也很陌生，这项工作是对我学识和能力的巨大考验。译文中不当之处一定不少，恳请读者不吝赐教。

张卜天

2022 年 6 月 2 日

约翰内斯·开普勒

1571
—
1630

JOHANNES KEPLER

- 德国天文学家、数学家与占星家
- 行星运动三大定律的发现者
- 现代实验光学的奠基人
- 启发牛顿发现万有引力定律

1571 >>

1571 年，出生在德国一个小城，很早就喜欢上了天文学。6 岁时看到大彗星，9 岁时观察到月食，后因患上天花导致视力衰弱、双手残废，限制了他天文观察的能力。

1587 >>

1587 年，进入图宾根大学学习神学、哲学、数学和天文学，成了哥白尼太阳中心说的拥护者。

1594 >>

1594 年，在大学担任数学与天文学教师。清苦拮据，经常要靠出版一些占星历书和天宫图维持生活。

1600 >>>

1600 年，与第谷合作，借助于他的观测数据，开普勒把火星的运行轨道描绘成一个椭圆。这一成功赋予了哥白尼的太阳中心体系模型以数学上的可信性，也开启了一个崭新的天文学时代。

1601 >>>

1601 年，在第谷死后接替皇家数学家的职位，向皇帝鲁道夫二世提供占星术方面的建议，并开始整理《鲁道夫星表》。

1605 》》

1605 年，公布了第一定律即椭圆定律，即诸行星均以椭圆绕太阳运行，太阳位于椭圆的一个焦点上。开普勒断言，当地球沿椭圆轨道运行时，一月份距太阳最近，六月份距太阳最远。

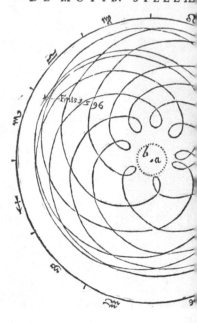

DE MOTIB. STELLÆ

1609 》》

1609 年，出版《新天文学》，提出第二定律即等面积定律，即行星在相等时间内扫过相等的面积。

1617 》》

1617 年，母亲因施展巫术差点被处以火刑，开普勒设法为她辩护。

1619 》》

1619 年，发表《世界的和谐》，用五卷的篇幅把他的和谐理论拓展到了音乐、占星术、几何学和天文学上，其中也包含行星运动第三定律。六十年后，它将启发伊萨克·牛顿。

1626 >>

1626 年，因战争离开林茨，最终在小城萨冈定居下来，并在那试图完成一部可以称得上是科幻小说的著作——《月亮之梦》。

1630 >>

1630 年，前往雷根斯堡，因病去世。他看重审美上的和谐与秩序，他的所有发现都与自己对上帝的看法密不可分。他为自己撰写的墓志铭是："我曾测天高，今欲量地深。我的灵魂来自上天，凡俗肉体归于此地。"

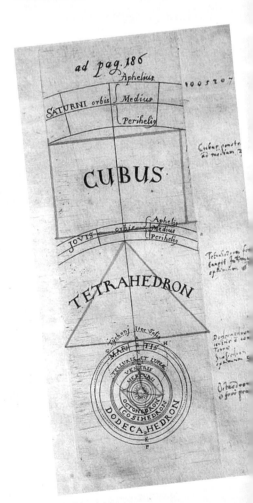

世界的和谐

作者 _ [德] 约翰内斯·开普勒　译者 _ 张卜天

产品经理 _ 闻芳　　装帧设计 _ 别境 Lab　　技术编辑 _ 顾逸飞

产品总监 _ 周奥扬　　责任印制 _ 梁拥军　　出品人 _ 许文婷

营销团队 _ 王维思　谢蕴琦

果麦

www.guomai.cn

以 微 小 的 力 量 推 动 文 明

图书在版编目（CIP）数据

世界的和谐 / (德) 约翰内斯·开普勒著 ; 张卜天
译. -- 上海：上海科学技术文献出版社, 2024
ISBN 978-7-5439-9003-6

Ⅰ.①世… Ⅱ.①约… ②张… Ⅲ.①地球科学②天
文学 Ⅳ.①P

中国国家版本馆CIP数据核字(2024)第040936号

责任编辑：苏密娅
产品经理：闻　芳
装帧设计：别境 Lab

世界的和谐

SHIJIE DE HEXIE

［德］约翰内斯·开普勒 著，张卜天 译
出版发行　上海科学技术文献出版社
地　　址　上海市长乐路 746 号
邮政编码　200040
经　　销　全国新华书店
印　　刷　河北鹏润印刷有限公司
开　　本　880mm×1230mm　1/32
印　　张　6
字　　数　115 千字
印　　数　1-6000
版　　次　2024 年 3 月第 1 版　　2024 年 3 月第 1 次印刷
书　　号　ISBN　978-7-5439-9003-6
定　　价　48.00 元
http://www.sstlp.com